甘肃省河流泥沙公报

2021

甘肃省水利厅 编

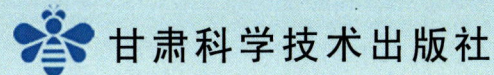

甘肃科学技术出版社

图书在版编目（CIP）数据

甘肃省河流泥沙公报. 2021 / 甘肃省水利厅编. --
兰州：甘肃科学技术出版社，2022.9
　ISBN 978-7-5424-2972-8

Ⅰ. ①甘… Ⅱ. ①甘… Ⅲ. ①河流泥沙－公报－研究
－甘肃－2021　Ⅳ. ①TV152

中国版本图书馆CIP数据核字(2022)第161895号

甘肃省河流泥沙公报 2021
甘肃省水利厅　编

责任编辑　杨丽丽
封面设计　张德栋

出　版	甘肃科学技术出版社
社　址	兰州市城关区曹家巷1号　730030
网　址	www.gskejipress.com
电　话	0931-2131576（编辑部）　0931-8773237（发行部）
发　行	甘肃科学技术出版社　　印　刷　甘肃荣祥印刷有限公司印刷
开　本	880毫米×1230毫米 1/16　印　张　2.75　字　数　48千
版　次	2022年12月第1版
印　次	2022年12月第1次印刷
印　数	1~500
书　号	ISBN 978-7-5424-2972-8　　定　价：65.00元

图书若有破损、缺页可随时与本社联系：0931-8773237
本书所有内容经作者同意授权，并许可使用
未经同意，不得以任何形式复制转载

《甘肃省河流泥沙公报 2021》编委会

主　　任：陈继军
副 主 任：杨忠琪　陈吉平
编　　委：金兴国　黄维东　张德栋

主　　编：任小虎　张德栋
副 主 编：聂文晶　王毓森　郑　洋

专项编写成员：
　　径 流 量：张昌顺　李文燕
　　输 沙 量：朱朝霞　胡　波
　　水沙分析：郑　洋　王亦农
　　冲淤变化：郑一帆　王启浩
　　制　　图：龚海波　刘岩峰
　　资　　料：徐桂霞　刘天华

主要编制单位及参加人员

　　甘 肃 省 水 利 厅：孙　超　徐　文　杨晓婧
　　　　　　　　　　　耿瑜婷　杨富强　李金蓓
　　黄河水利委员会水文局：刘建军　潘启明　马志瑾
　　甘 肃 省 水 文 站：姜　锋　扈家昱　姚　伟
　　　　　　　　　　　赵婵媛　黎　军　王一达
　　　　　　　　　　　刘天彤　董　荷
　　甘肃省酒泉水文站：陈登农　祁向荣　张瑞娟
　　甘肃省张掖水文站：沈军云　周轶成　蔡树香
　　甘肃省武威水文站：冯治天　宿　强　马　睿
　　甘肃省兰州水文站：王世钧　张　兵　牛正宇
　　甘肃省定西水文站：曹宇廷　贾　杰　李文婷
　　甘肃省临洮水文站：景春刚　仲复捷　王汉卿
　　甘肃省陇南水文站：何　炜　吕亚斌　折瑞兵
　　甘肃省天水水文站：常逢润　王文广　张晓青
　　甘肃省平凉水文站：张强华　路东旭　陈　程
　　甘肃省庆阳水文站：雷红刚　田瀛莉　孙鑫祯

前　言

《甘肃省河流泥沙公报》是反映甘肃省河流主要水文控制站实测水沙变化及断面冲淤情况的年报，在江河治理、防洪、水资源开发利用和保护以及水土保持等方面都具有十分重要的作用。

《甘肃省河流泥沙公报 2021》依照《河流泥沙公报编制规程》(SL474-2010)编制，编制范围包括甘肃省内陆河、黄河、长江三大流域的疏勒河、黑河、石羊河、黄河干流、湟水、洮河、渭河、泾河、嘉陵江 9 个水系 27 条河流，涉及的径流量、输沙量和含沙量等均为实测数据。

甘肃省水利厅负责《甘肃省河流泥沙公报 2021》的发布工作，甘肃省水文站承担具体编制任务。编制过程中，得到了黄河水利委员会水文局及全省各基层水文站的大力支持与帮助，在此表示感谢，并向常年奋战在基层测站一线的广大水文工作者致以崇高的敬意！

编制说明

1. 编制发布《甘肃省河流泥沙公报》，旨在向政府和社会公众提供甘肃省主要河流的泥沙信息，为各级政府和行业部门决策提供数据服务。《甘肃省河流泥沙公报 2021》参照《河流泥沙公报编制规程》（SL474-2010）编制，主要采用甘肃省水文站的实测资料，部分资料为黄河水利委员会水文局所辖测站实测资料。

2. 河流中运动的泥沙一般分为悬移质（悬浮于水中向前运动）与推移质（沿河底向前推移）两种。《甘肃省河流泥沙公报 2021》中的输沙量均指悬移质输沙量。

3. 《甘肃省河流泥沙公报 2021》中描述河流泥沙的主要物理量及其定义如下：

流量：单位时间内通过某一过水断面的水量（单位：立方米/秒）。

径流量：一定时段内通过河流某一断面的水量（单位：亿立方米）。

输沙量：一定时段内通过河流某一断面的泥沙质量（单位：万吨）。

含沙量：单位体积水沙混合物中的泥沙质量（单位：千克/立方米）。

输沙模数：单位时间单位流域面积产生的输沙量[单位：吨/（年·平方千米）]。

4. 河流泥沙测验按相关技术规范施测。一般采用断面取样法配合流量测验推算断面单位时间内悬移质的输沙量，并根据水、沙过程推算日、月、年等的输沙量。河床的冲淤变化一般采用断面法测量。

5. 《甘肃省河流泥沙公报 2021》中的多年均值为 1950—2020 年泥沙实测值的均值，若泥沙始测年份晚于 1950 年，则取始测年份至 2020 年均值；近 10 年均值为 2012—2021 年实测值的均值。径流量与输沙量的年内变化采用甘肃省汛期（4~9 月）值占年总值的百分比进行分析。

6. 《甘肃省河流泥沙公报 2021》中所涉及的测站高程基面除九条岭、折桥、谈家庄站为黄海基面，红崖子、红旗站为大沽基面，靖远站为浙江坎门中潮位基面，武都站为吴淞基面，昌马堡、党城湾、莺落峡、镡家坝站为假定基面外，其余各站均为 1985 国家高程基准。

目　录

综述 ··· 1

一、主要河流重要水文控制站水沙特征 ······································ 2

二、径流量与输沙量 ·· 3

　（一）内陆河流域 ·· 3

　（二）黄河流域 ··· 6

　（三）长江流域 ··· 23

三、代表站控制断面冲淤变化 ··· 27

　（一）内陆河流域 ·· 27

　（二）黄河流域 ··· 28

　（三）长江流域 ··· 31

综 述

《甘肃省河流泥沙公报2021》的编写范围包括甘肃省内陆河、黄河和长江流域的9个水系（疏勒河、黑河、石羊河、黄河干流、湟水、洮河、渭河、泾河、嘉陵江）的27条河流。公报客观真实地反映了2021年34个水文站的实测年径流量、输沙量及其年内变化和水沙特征值，以及部分水文站测验断面冲淤变化情况。

2021年，10个主要河流水文控制站的年径流量、输沙量及其年内变化和水沙特征值情况：内陆河流域昌马河昌马堡站为丰水多沙年，黑河莺落峡站为平水少沙年，西营河九条岭站为平水多沙年；黄河流域黄河干流兰州站、湟水民和站为丰水少沙年，大通河享堂站、洮河红旗站为枯水少沙年，渭河北道站为平水少沙年，泾河杨家坪站为丰水少沙年；长江流域白龙江武都站为平水少沙年。

经对20个主要水文控制站2021年与历史年份和上年度测验断面套绘分析：与历史年份相比，除黑河莺落峡站、西营河九条岭站、泾河杨家坪站、嘉陵江谈家庄站测验断面基本稳定或发生较小冲淤变化外，其余9站发生较大冲淤变化；与上年度相比，除黄河安宁渡站、大通河享堂站、渭河武山站、渭河北道站、散渡河甘谷站、白龙江武都站发生较大冲淤变化外，其余14站测验断面基本稳定。

一、主要河流重要水文控制站水沙特征

经对甘肃省三大流域 10 条主要河流水文控制站径流量、输沙量进行分析，2021 年，主要水文控制站合计径流量 520.7 亿立方米，较多年平均值 491.4 亿立方米偏大 6%，较近 10 年平均值 545.6 亿立方米偏小 5%；合计输沙量 2620 万吨，较多年平均值 26400 万吨偏小 90%，较近 10 年平均值 6970 万吨偏小 62%。具体数据详见表 1-1。

表 1-1 2021 年甘肃省主要河流水文控制站实测年径流量、输沙量统计表

河流	代表水文站	控制流域面积（平方千米）	年径流量（亿立方米）			年输沙量（万吨）			2021年水平年
			多年平均	近10年平均	2021年	多年平均	近10年平均	2021年	
昌马河	昌马堡	10961	10.29	14.48	14.03	348	433	473	丰水多沙
黑河	莺落峡	10009	16.71	20.57	17.42	193	102	3.30	平水少沙
西营河	九条岭	1077	3.215	3.402	3.194	11.9	19.6	17.0	平水多沙
黄河	兰州	222551	314.1	355.4	353.1	6100	2340	575	丰水少沙
湟水	民和	15342	16.53	19.52	18.90	1280	324	131	丰水少沙
大通河	享堂	15126	27.53	25.41	21.58	255	66.5	9.12	枯水少沙
洮河	红旗	24973	45.41	45.92	33.55	2040	506	75.3	枯水少沙
渭河	北道	24871	10.85	10.05	10.22	9160	1750	576	平水少沙
泾河	杨家坪	14124	6.546	5.602	7.184	5750	464	419	丰水少沙
白龙江	武都	14288	40.18	45.25	41.50	1230	966	340	平水少沙
合计		353322	491.4	545.6	520.7	26400	6970	2620	丰水少沙

二、径流量与输沙量

公报选用三大流域的34个主要水文控制站进行径流量与输沙量统计分析，其中内陆河流域5个，黄河流域23个(含黄河水利委员会水文局10个)，长江流域6个。

(一)内陆河流域

1. 径流量与输沙量

经对2021年内陆河流域疏勒河、黑河、石羊河水系主要水文控制站实测径流量、输沙量，与多年平均值、近10年平均值、上年值统计比较，疏勒河水系各河流控制断面为丰水多沙年，黑河水系各河流控制断面为平水少沙年，石羊河水系主要河流控制断面为平水多沙年。主要水文控制站年径流量与输沙量情况见表2-1、图2-1。具体情况如下：

表2-1 2021年内陆河流域主要水文控制站实测年径流量与输沙量统计表

水系		疏勒河		黑河		石羊河
河流		昌马河	党河	黑河	黑河	西营河
水文控制站		昌马堡	党城湾	莺落峡	正义峡	九条岭
控制流域面积(平方千米)		10961	14325	10009	35634	1077
年径流量(亿立方米)	多年平均	10.29 (1956—2020)	3.734 (1972—2020)	16.71 (1955—2020)	10.57 (1963—2020)	3.215 (1975—2020)
	近10年平均	14.48	4.174	20.57	13.23	3.402
	2020年	12.25	4.091	19.83	13.15	3.723
	2021年	14.03	4.033	17.42	11.05	3.194
	与多年平均值比较(%)	36	8	4	5	−1
	与近10年平均值比较(%)	−3	−3	−15	−16	−6
	与2020年值比较(%)	15	−1	−12	−16	−14
年输沙量(万吨)	多年平均	348 (1956—2020)	73.0 (1972—2020)	193 (1955—2020)	138 (1963—2020)	11.9 (1975—2020)
	近10年平均	433	58.3	102	95.9	19.6
	2020年	121	20.8	42.4	46.8	21.5
	2021年	473	33.4	3.30	33.4	17.0
	与多年平均值比较(%)	36	−54	−98	−76	43
	与近10年平均值比较(%)	9	−43	−97	−65	−13
	与2020年值比较(%)	291	61	−92	−29	−21

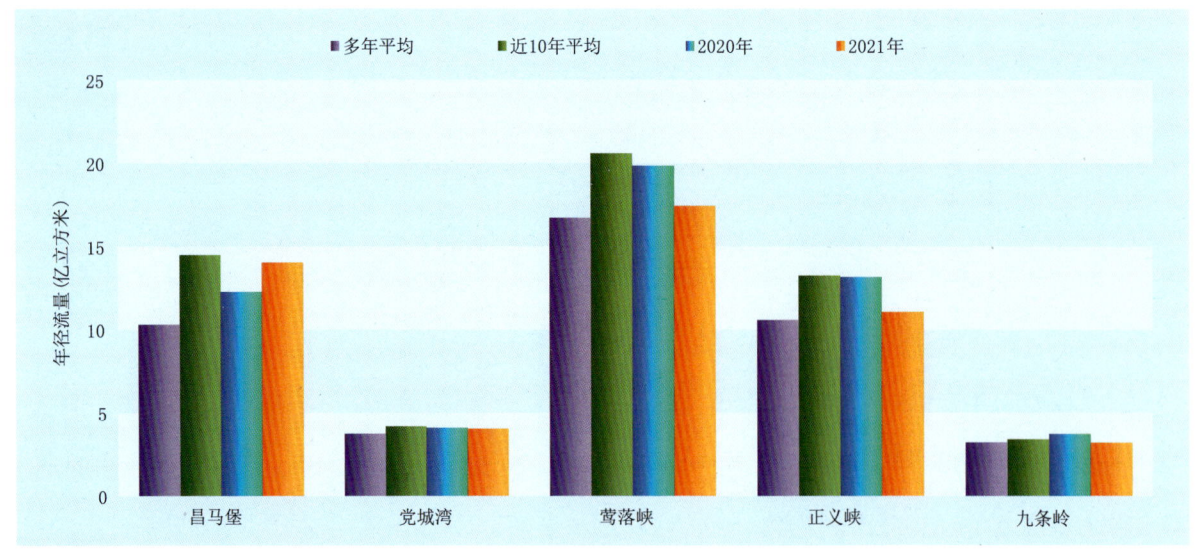

(a) 实测年径流量

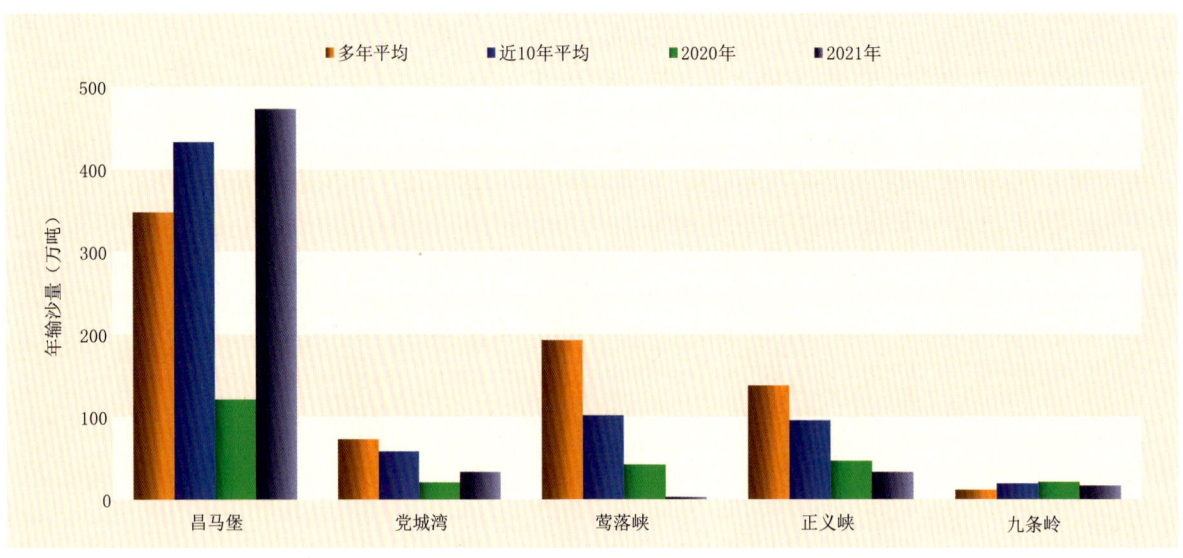

(b) 实测年输沙量

图 2-1　2021 年内陆河流域主要水文控制站径流量与输沙量对比

疏勒河水系昌马河昌马堡站 2021 年径流量 14.03 亿立方米，较多年平均值偏大 36%，较近 10 年平均值偏小 3%，比上年值增大 15%；年输沙量 473 万吨，较多年平均值偏大 36%，较近 10 年平均值偏大 9%，比上年值增大 291%。党河党城湾站 2021 年径流量 4.033 亿立方米，较多年平均值偏大 8%，较近 10 年平均值偏小 3%，比上年值减小 1%；年输沙量 33.4 万吨，较多年平均值偏小 54%，较近 10 年平均值偏小 43%，比上年值增大 61%。

黑河水系黑河干流莺落峡站 2021 年径流量 17.42 亿立方米，较多年平均值偏大 4%，较近 10 年平均值偏小 15%，比上年值减小 12%；年输沙量 3.30 万吨，较多年平均值偏小 98%，较近 10 年平均值偏小 97%，比上年值减小 92%。正义峡站 2021 年径流量 11.05 亿立方米，较多年平均值偏大 5%，较近10年平均值偏小16%，比上年值减小16%；年输沙量33.4万吨，较多年平均值偏小76%，较近10年平均值偏小65%，比上年值减小29%。

石羊河水系西营河九条岭站2021年径流量3.194亿立方米，较多年平均值偏小1%，较近10年平均值偏小6%，比上年值减小14%；年输沙量17.0万吨，较多年平均值偏大43%，较近10年平均值偏小13%，比上年值减小21%。

2. 水沙特征值

内陆河流域主要水文控制站2021年平均含沙量、输沙模数，除昌马河昌马堡、西营河九条岭站较多年平均值偏大外，其余3站均偏小。具体数值见表2-2。

表2-2 2021年内陆河流域主要水文控制站水沙特征值统计表

水　系		疏勒河		黑　河		石羊河
河　流		昌马河	党河	黑河	黑河	西营河
水文控制站		昌马堡	党城湾	莺落峡	正义峡	九条岭
年最大流量(立方米/秒)		545	67.9	315	149	93.5
出现时间(月、日)		7月26日	7月10日	6月16日	9月6日	6月13日
年平均含沙量 (千克/立方米)	多年平均	3.38 (1956—2020)	1.96 (1972—2020)	1.15 (1955—2020)	1.31 (1963—2020)	0.370 (1975—2020)
	2020年	0.988	0.508	0.214	0.356	0.577
	2021年	3.37	0.828	0.019	0.302	0.532
年最大断面平均含沙量 (千克/立方米)		71.2	50.7	0.677	8.43	7.32
出现时间(月、日)		7月26日	7月10日	7月27日	9月7日	5月8日
输沙模数 [吨/(年·平方千米)]	多年平均	317 (1956—2020)	51.0 (1972—2020)	193 (1955—2020)	38.7 (1963—2020)	110 (1975—2020)
	2020年	110	14.5	42.4	13.1	200
	2021年	432	23.3	3.30	9.37	158

3. 径流量与输沙量的年内分配

经对2021年内陆河流域疏勒河、黑河、石羊河水系主要水文控制站逐月实测径流量、输沙量统计，疏勒河水系昌马堡站4～9月径流量占年径流量的76%，输沙量占年输沙量的100%；黑河水系莺落峡、正义峡站4～9月径流量分别占年径流量的75%、46%，输沙量分别占年输沙量的98%、62%；石羊河水系九条岭站4～9月径流量占年径流量的79%，输沙量占年输沙量的100%。主要水文控制站逐月径流量与输沙量分配见图2-2。

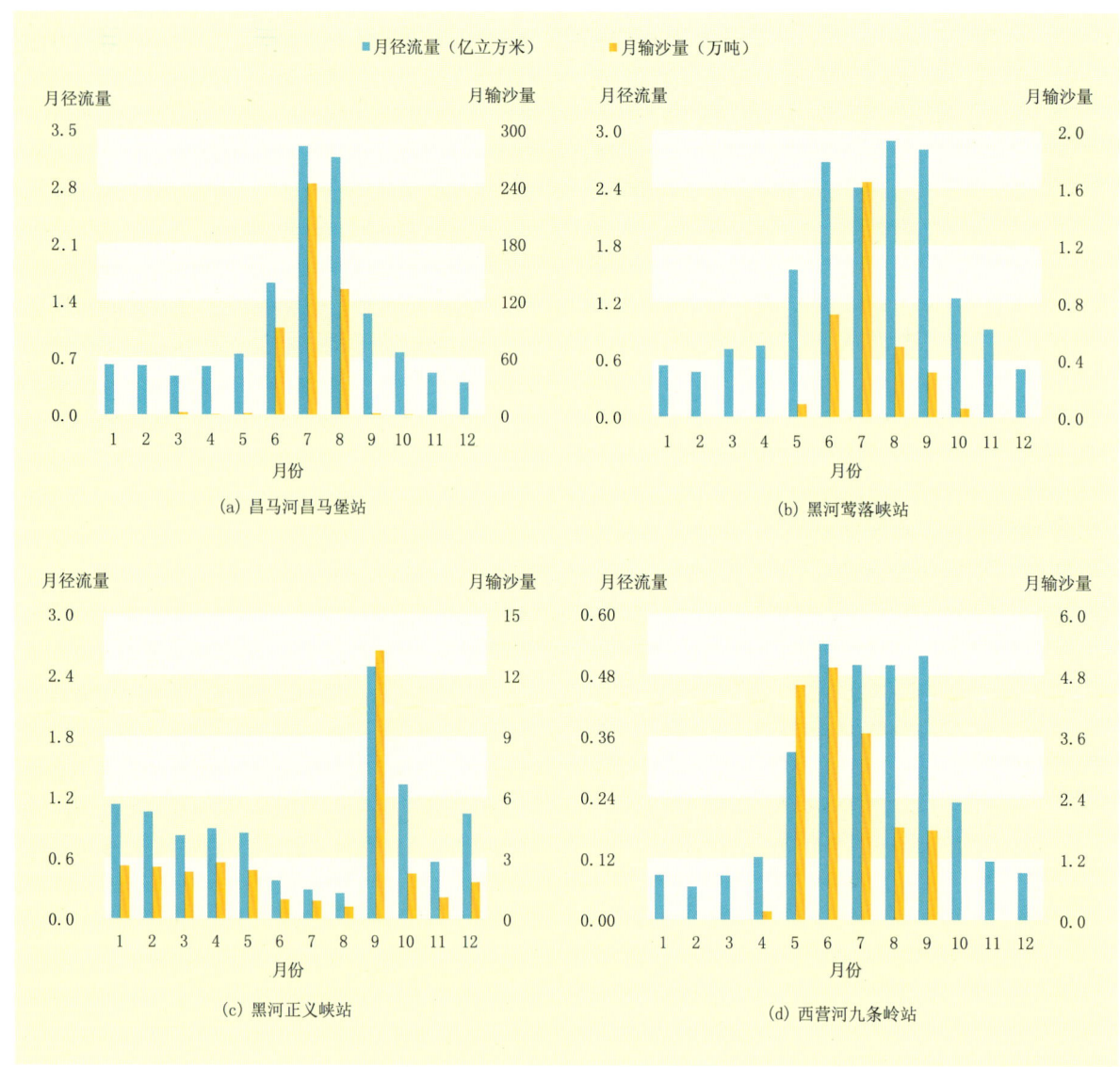

图 2-2　2021 年内陆河流域主要水文控制站逐月径流量与输沙量对照

(二)黄河流域

2021 年黄河流域黄河干流、湟水水系主要河流为丰水少沙年，大通河、洮河水系主要河流为枯水少沙年，渭河水系主要河流为平水少沙年，泾河水系主要河流为丰水少沙年。

1. 黄河干流水系

(1)径流量与输沙量

经对 2021 年黄河干流水系主要水文控制站实测径流量、输沙量，以及与多年平均值、近 10 年平均值、上年值统计比较，黄河干流、庄浪河各控制断面为丰水少沙年，大夏河、祖厉河各控制断面为枯水少沙年。主要水文控制站年径流量与输沙量情况见表 2-3、图 2-3。具体情况如下：

表 2-3　2021 年黄河干流水系主要水文控制站实测年径流量与输沙量统计表

河　流		干　流		支　流		
				大夏河	庄浪河	祖厉河
水文控制站		兰　州	安宁渡	折　桥	红崖子	靖　远
控制流域面积(平方千米)		222551	241538	6808	4007	10647
年径流量 (亿立方米)	多年平均	314.1 (1950—2020)	310.1 (1954—2020)	8.877 (1963—2020)	1.397 (1968—2020)	1.046 (1955—2020)
	近10年平均	355.4	359.6	9.333	2.716	0.6977
	2020年	504.5	506.8	12.58	2.347	1.009
	2021年	353.1	352.0	6.781	2.200	0.6640
	与多年平均值比较(%)	12	14	−24	57	−37
	与近10年平均值比较(%)	−1	−2	−27	−19	−5
	与2020年值比较(%)	−30	−31	−46	−6	−34
年输沙量 (万吨)	多年平均	6100 (1950—2020)	10900 (1954—2020)	241 (1963—2020)	158 (1968—2020)	4060 (1955—2020)
	近10年平均	2340	3550	143	149	735
	2020年	1520	2820	131	24.3	435
	2021年	575	821	29.2	37.7	101
	与多年平均值比较(%)	−91	−92	−88	−76	−98
	与近10年平均值比较(%)	−75	−77	−80	−75	−86
	与2020年值比较(%)	−62	−71	−78	55	−77

黄河干流兰州站 2021 年径流量 353.1 亿立方米，较多年平均值偏大 12%，较近 10 年平均值偏小 1%，比上年值减小 30%；年输沙量 575 万吨，较多年平均值偏小 91%，较近 10 年平均值偏小 75%，比上年值减小 62%。

黄河干流安宁渡站 2021 年径流量 352.0 亿立方米，较多年平均值偏大 14%，较近 10 年平均值偏小 2%，比上年值减小 31%；年输沙量 821 万吨，较多年平均值偏小 92%，较近 10 年平均值偏小 77%，比上年值减小 71%。

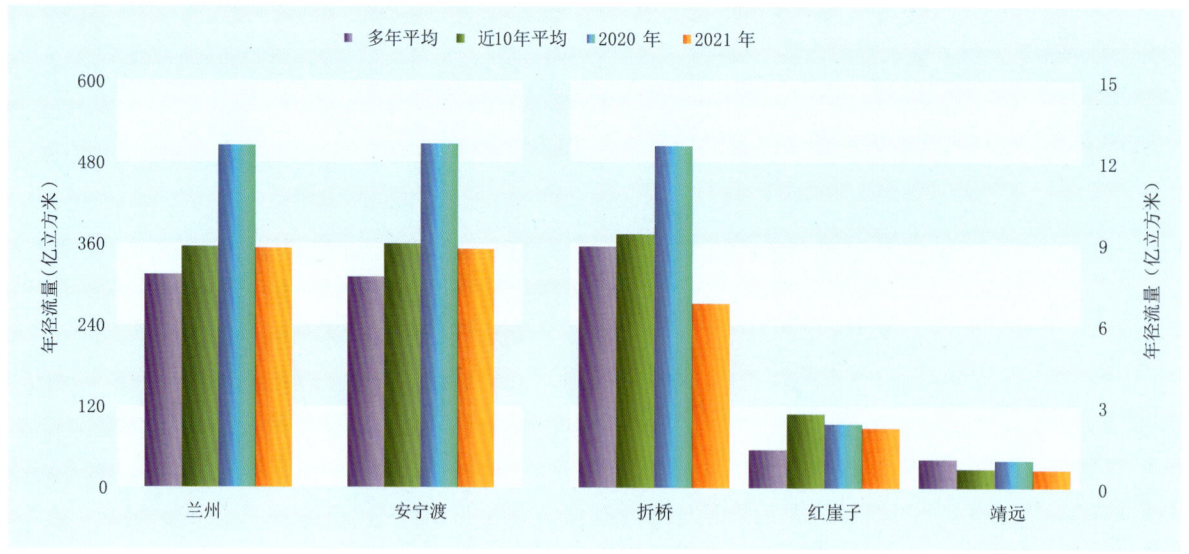

(a) 实测年径流量

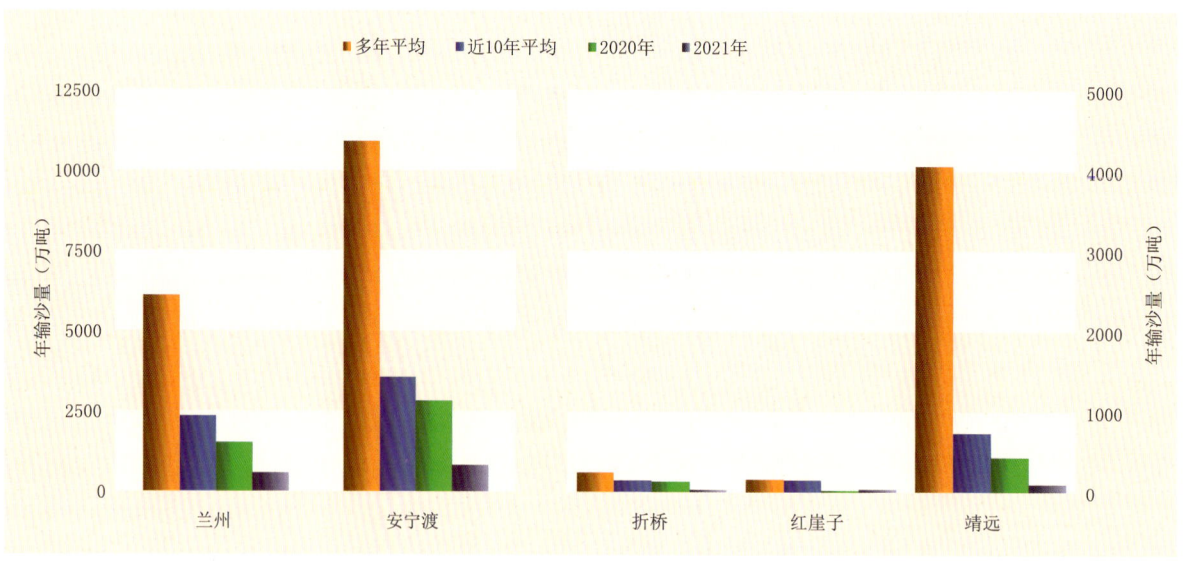

(b) 实测年输沙量

图 2-3　2021 年黄河干流水系主要水文控制站径流量与输沙量对比

(2) 水沙特征值

黄河干流水系主要水文控制站 2021 年平均含沙量、输沙模数较多年平均值均偏小。具体数值见表 2-4。

(3) 径流量与输沙量的年内分配

经对 2021 年黄河干流水系主要水文控制站逐月实测径流量、输沙量统计，黄河干流兰州站 4~9 月径流量占年径流量的 61%，输沙量占年输沙量的 85%。主要支流大夏河折桥站、庄浪河红崖子站、祖厉河靖远站 4~9 月径流量分别占年径流量的 56%、50%、66%，输沙量分别占年输沙量的 72%、97%、82%。主要水文控制站逐月径流量与输沙量分配见图 2-4。

表 2-4 2021年黄河干流水系主要水文控制站水沙特征值统计表

河流		干流		支流		
		黄河	黄河	大夏河	庄浪河	祖厉河
水文控制站		兰州	安宁渡	折桥	红崖子	靖远
年最大流量(立方米/秒)		1930	2130	56.2	62.4	12.4
出现时间(月、日)		5月3日	5月1日	6月14日	4月24日	9月26日
年平均含沙量 (千克/立方米)	多年平均	1.94 (1950—2020)	3.51 (1954—2020)	2.71 (1963—2020)	11.3 (1968—2020)	388 (1955—2020)
	2020年	0.301	0.556	1.04	1.04	43.1
	2021年	0.163	0.233	0.431	1.71	15.2
年最大断面平均含沙量 (千克/立方米)		4.24	2.25	22.5	125	166
出现时间(月、日)		4月24日	4月25日	7月25日	4月24日	9月24日
输沙模数 [吨/(年· 平方千米)]	多年平均	274 (1950—2020)	451 (1954—2020)	354 (1963—2020)	394 (1968—2020)	3810 (1955—2020)
	2020年	68.3	117	192	60.6	409
	2021年	25.8	34.0	42.9	94.1	94.9

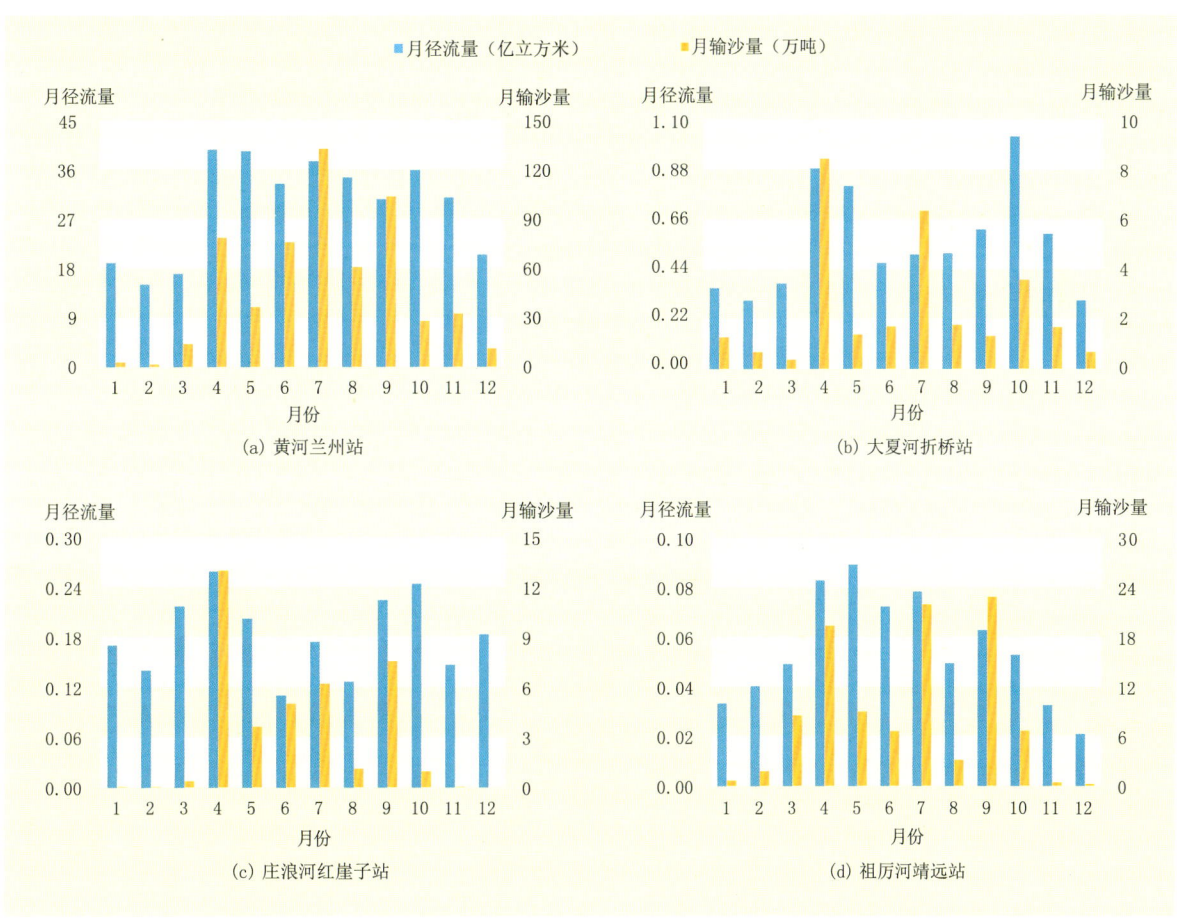

图 2-4 2021年黄河干流水系主要水文控制站逐月径流量与输沙量对照

2. 湟水水系

(1) 径流量与输沙量

经对 2021 年湟水水系主要水文控制站实测径流量、输沙量,以及与多年平均值、近 10 年平均值、上年值统计比较,湟水民和控制断面为丰水少沙年,支流大通河享堂控制断面为枯水少沙年。主要水文控制站年径流量与输沙量情况见表 2-5、图 2-5。具体情况如下:

湟水民和站 2021 年径流量 18.90 亿立方米,较多年平均值偏大 14%,较近 10 年平均值偏小 3%,比上年值减小 28%;年输沙量 131 万吨,较多年平均值偏小 90%,较近 10 年平均值偏小 60%,比上年值减小 28%。

大通河享堂站 2021 年径流量 21.58 亿立方米,较多年平均值偏小 22%,较近 10 年平均值偏小 15%,比上年值减小 24%;年输沙量 9.12 万吨,较多年平均值偏小 96%,较近 10 年平均值偏小 86%,比上年值减小 28%。

表 2-5　2021 年湟水水系主要水文控制站实测年径流量与输沙量统计表

河流		湟水	大通河
水文控制站		民和	享堂
控制流域面积(平方千米)		15342	15126
年径流量 (亿立方米)	多年平均	16.53 (1951—2020)	27.53 (1953—2020)
	近10年平均	19.52	25.41
	2020年	26.07	28.23
	2021年	18.90	21.58
	与多年平均值比较(%)	14	-22
	与近10年平均值比较(%)	-3	-15
	与2020年值比较(%)	-28	-24
年输沙量 (万吨)	多年平均	1280 (1951—2020)	255 (1953—2020)
	近10年平均	324	66.5
	2020年	182	12.6
	2021年	131	9.12
	与多年平均值比较(%)	-90	-96
	与近10年平均值比较(%)	-60	-86
	与2020年值比较(%)	-28	-28

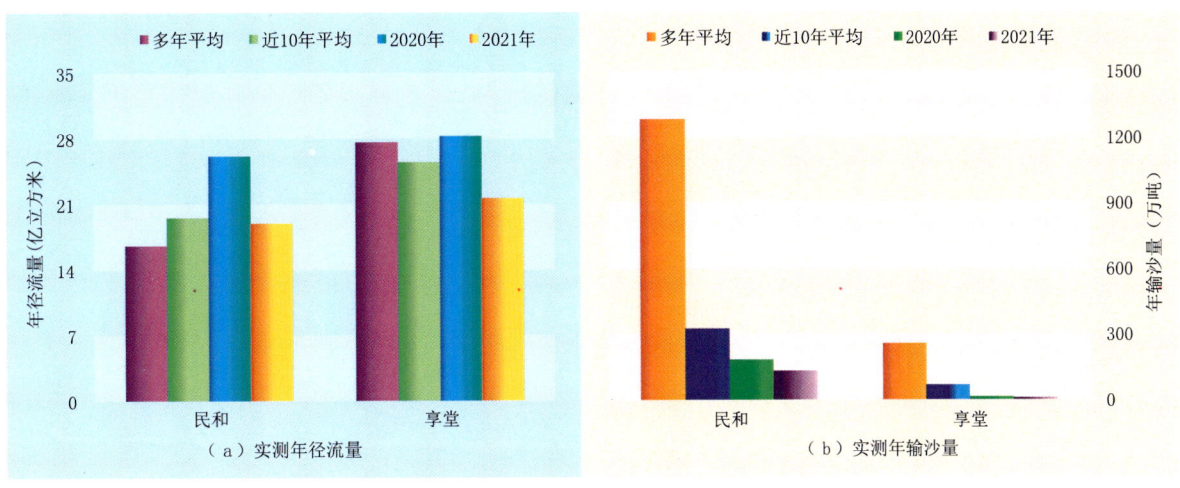

图 2-5　2021 年湟水水系主要水文控制站径流量与输沙量对比

(2) 水沙特征值

湟水水系主要水文控制站 2021 年平均含沙量、输沙模数较多年平均值均偏小。具体数值见表 2-6。

表 2-6　2021 年湟水水系主要水文控制站水沙特征值统计表

河流		湟水	大通河
水文控制站		民和	享堂
年最大流量(立方米/秒)		241	431
出现时间(月、日)		9月15日	9月17日
年平均含沙量 (千克/立方米)	多年平均	7.74 (1951—2020)	0.926 (1953—2020)
	2020年	0.698	0.045
	2021年	0.693	0.042
年最大断面平均含沙量(千克/立方米)		23.4	8.33
出现时间(月、日)		7月25日	7月25日
输沙模数 [吨/(年·平方千米)]	多年平均	834 (1951—2020)	169 (1953—2020)
	2020年	119	8.33
	2021年	85.4	6.03

(3) 径流量与输沙量的年内分配

经对 2021 年湟水水系主要水文控制站逐月实测径流量、输沙量统计，民和、享堂站 4~9 月径流量分别占年径流量的 58%、65%，输沙量分别占年输沙量 91%、89%。主要水文控制站逐月径流量与输沙量分配见图 2-6。

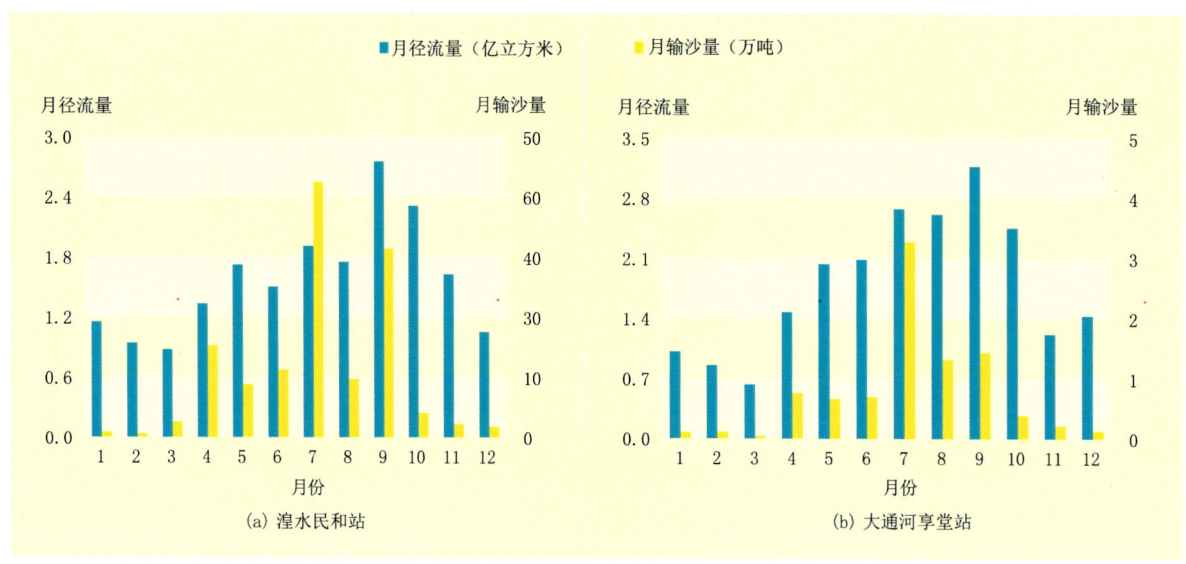

图 2-6　2021 年湟水水系主要水文控制站逐月径流量与输沙量对照

3. 洮河水系

(1) 径流量与输沙量

经对 2021 年洮河水系主要水文控制站实测径流量、输沙量，以及与多年平均值、近 10 年平均值、上年值统计比较，除洮河干流碌曲和支流东峪沟临洮控制断面为丰水少沙年外，其余各河流控制断面均为枯水少沙年。主要水文控制站年径流量与输沙量情况见表 2-7、图 2-7。具体情况如下：

表 2-7　2021 年洮河水系主要水文控制站实测年径流量与输沙量统计表

河流		干流				支流			
						冶木河	苏集河	东峪沟	广通河
水文控制站		碌曲	岷县	李家村	红旗	冶力关	康乐	临洮	三甲集
控制流域面积（平方千米）		5043	14108	19693	24973	1186	330	582	1526
年径流量（亿立方米）	多年平均	10.17 (1981—2020)	32.62 (1958—2020)	39.66 (1956—2020)	45.41 (1955—2020)	1.854 (1983—2020)	0.4438 (1981—2020)	0.2593 (1967—2020)	2.750 (1967—2020)
	近10年平均	11.65	30.24	38.33	45.92	1.860	0.5316	0.3281	3.077
	2020年	20.23	47.32	60.12	68.35	2.409	0.8279	0.5500	5.300
	2021年	11.55	26.16	30.54	33.55	1.154	0.1886	0.4195	2.163
	与多年平均值比较(%)	14	−20	−23	−26	−38	−58	62	−21
	与近10年平均值比较(%)	−1	−13	−20	−27	−38	−65	28	−30
	与2020年值比较(%)	−43	−45	−49	−51	−52	−77	−24	−59
年输沙量（万吨）	多年平均	17.3 (1981—2020)	201 (1958—2020)	420 (1956—2020)	2040 (1955—2020)	7.05 (1983—2020)	10.6 (1981—2020)	244 (1967—2020)	222 (1967—2020)
	近10年平均	19.4	92.7	35.9	506	5.15	12.8	40.7	96.3
	2020年	39.8	280	69.2	454	7.77	11.3	21.8	36.6

续表 2-7

河流		干流				支流			
						冶木河	苏集河	东峪沟	广通河
水文控制站		碌曲	岷县	李家村	红旗	冶力关	康乐	临洮	三甲集
	2021年	14.5	35.2	2.11	75.3	1.60	0.686	7.26	13.9
	与多年平均值比较(%)	−16	−82	−99	−96	−77	−94	−97	−94
	与近10年平均值比较(%)	−25	−62	−94	−85	−69	−95	−82	−86
	与2020年值比较(%)	−64	−87	−97	−83	−79	−94	−67	−62

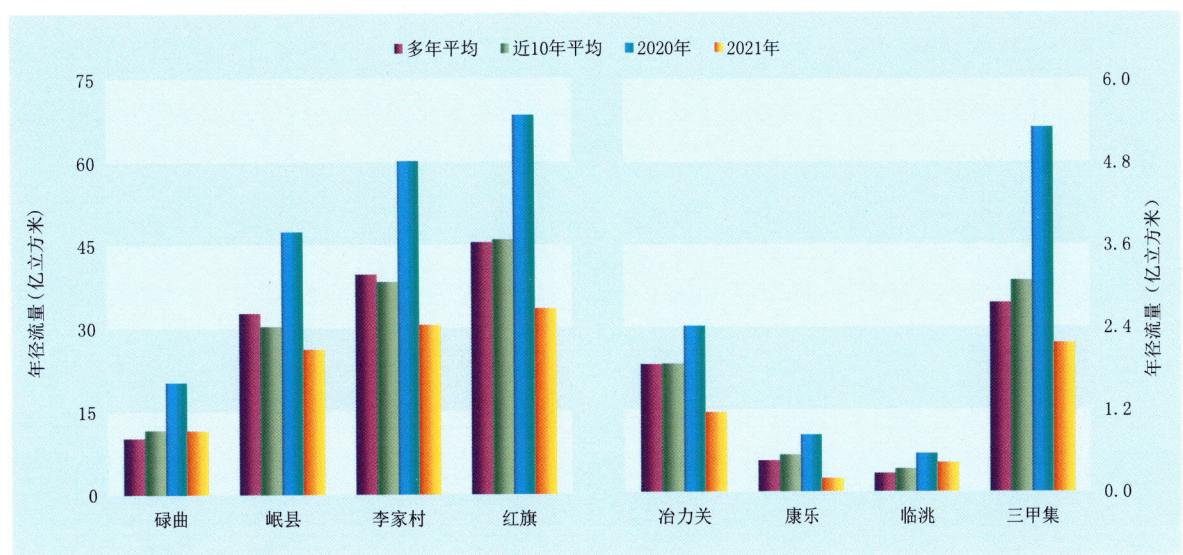

(a) 实测年径流量

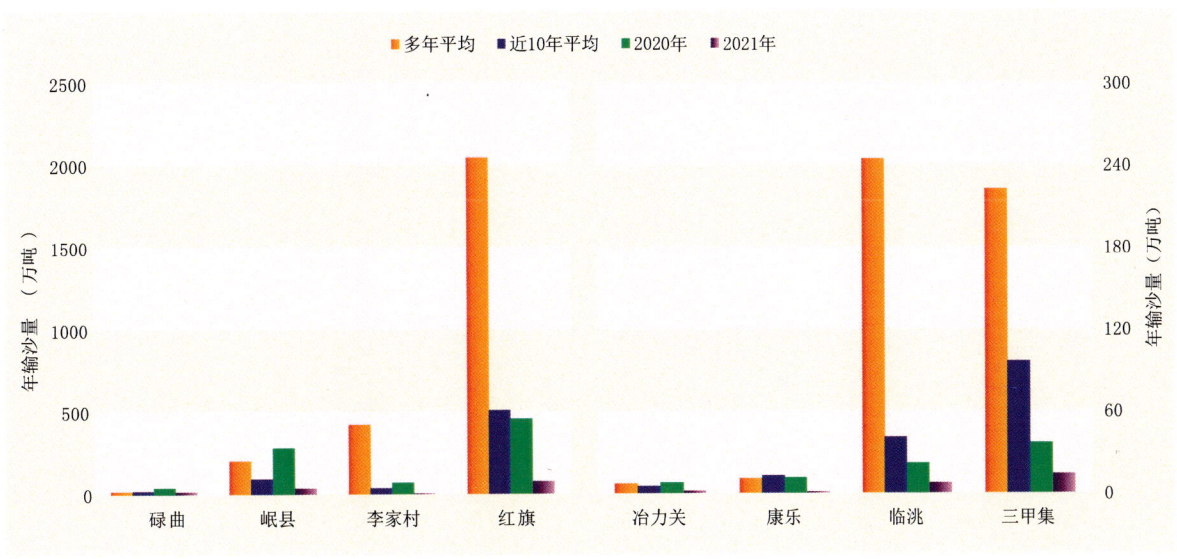

(b) 实测年输沙量

图 2-7　2021年洮河水系主要水文控制站径流量与输沙量对比

洮河干流碌曲站2021年径流量11.55亿立方米，较多年平均值偏大14%，较近10年平均值偏小1%，比上年值减小43%；年输沙量14.5万吨，较多年平均值偏小16%，较近10年平均值偏小25%，比上年值减小64%。

洮河干流岷县站2021年径流量26.16亿立方米，较多年平均值偏小20%，较近10年平均值偏小13%，比上年值减小45%；年输沙量35.2万吨，较多年平均值偏小82%，较近10年平均值偏小62%，比上年值减小87%。

洮河干流李家村站2021年径流量30.54亿立方米，较多年平均值偏小23%，较近10年平均值偏小20%，比上年值减小49%；年输沙量2.11万吨，较多年平均值偏小99%，较近10年平均值偏小94%，比上年值减小97%。

洮河干流红旗站2021年径流量33.55亿立方米，较多年平均值偏小26%，较近10年平均值偏小27%，比上年值减小51%；年输沙量75.3万吨，较多年平均值偏小96%，较近10年平均值偏小85%，比上年值减小83%。

（2）水沙特征值

洮河水系主要水文控制站2021年平均含沙量、输沙模数较多年平均值均偏小。具体数值见表2-8。

表2-8　2021年洮河水系主要水文控制站水沙特征值统计表

河流		干流				支流			
						冶木河	苏集河	东峪沟	广通河
水文控制站		碌曲	岷县	李家村	红旗	冶力关	康乐	临洮	三甲集
年最大流量(立方米/秒)		88.6	304	256	266	18.2	9.46	18.1	35.6
出现时间(月、日)		4月9日	10月11日	6月24日	10月17日	4月9日	7月25日	7月1日	7月25日
年平均含沙量(千克/立方米)	多年平均	0.170 (1981—2020)	0.616 (1958—2020)	1.06 (1956—2020)	4.49 (1955—2020)	0.380 (1983—2020)	2.39 (1981—2020)	94.1 (1967—2020)	8.07 (1967—2020)
	2020年	0.197	0.592	0.115	0.664	0.323	1.36	3.96	0.691
	2021年	0.126	0.135	0.007	0.224	0.139	0.364	1.73	0.643
年最大断面平均含沙量(千克/立方米)		3.16	1.38	0.078	8.40	1.31	23.5	109	16.5
出现时间(月、日)		4月7日	10月10日	9月19日	6月30日	4月24日	7月25日	7月15日	7月26日
输沙模数[吨/(年·平方千米)]	多年平均	34.3 (1981—2020)	142 (1958—2020)	213 (1956—2020)	817 (1955—2020)	59.4 (1983—2020)	321 (1981—2020)	4190 (1967—2020)	1450 (1967—2020)
	2020年	78.9	198	35.1	182	65.5	342	375	240
	2021年	28.8	25.0	1.07	30.2	13.5	20.8	125	91.1

(3)径流量与输沙量的年内分配

经对2021年洮河水系主要水文控制站逐月实测径流量、输沙量统计，洮河干流碌曲、岷县、李家村、红旗站4～9月径流量分别占年径流量的51%、51%、52%、51%，输沙量分别占年输沙量的94%、37%、87%、65%。主要水文控制站逐月径流量与输沙量分配见图2-8。

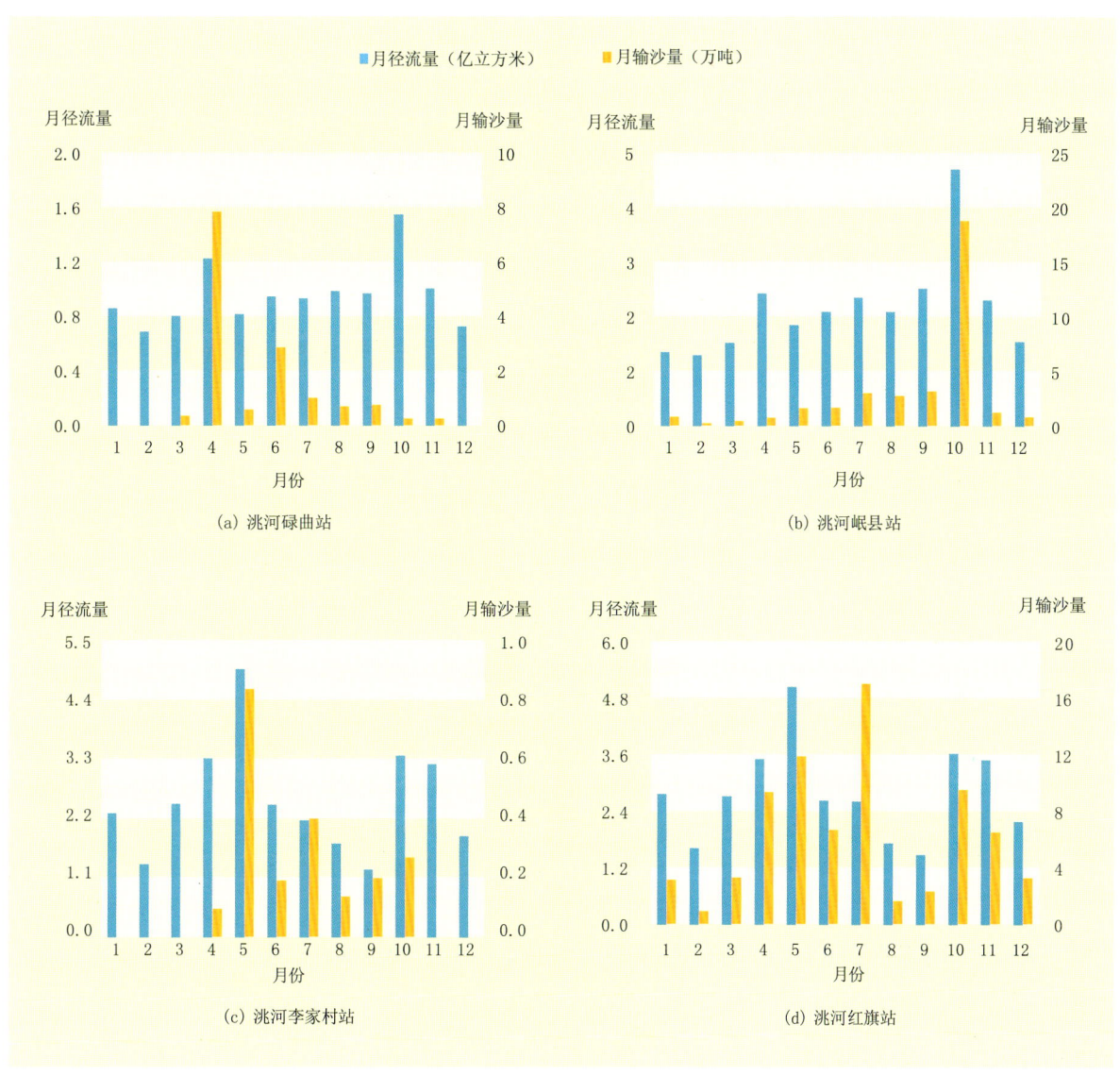

图2-8　2021年洮河水系主要水文控制站逐月径流量与输沙量对照

4.渭河水系

(1)径流量与输沙量

经对2021年渭河水系主要水文控制站实测径流量、输沙量，以及与多年平均值、近10年平均值、上年值统计比较，渭河干流武山和支流牛头河社棠控制断面为丰水少沙年，渭河干流北道和支流葫芦河秦安控制断面为平水少沙年，支流散渡河甘谷控制断面为枯水少沙年。主要水文控制站年径流量与输沙量情况见表 2-9、图 2-9。具体情况如下：

表 2-9 2021 年渭河水系主要水文控制站实测年径流量与输沙量统计表

河流	干流		支流		
			散渡河	葫芦河	牛头河
水文控制站	武山	北道	甘谷	秦安	社棠
控制流域面积(平方千米)	8080	24871	2484	9805	1846
年径流量(亿立方米) 多年平均	5.583 (1954—2020)	10.85 (1953—2020)	0.479 2 (1959—2020)	2.796 (1957—2020)	1.410 (1959—2020)
近10年平均	6.245	10.05	0.2132	2.303	1.569
2020年	12.42	18.97	0.3777	4.751	2.473
2021年	6.254	10.22	0.2845	2.562	2.316
与多年平均值比较(%)	12	−6	−41	−8	64
与近10年平均值比较(%)	0	2	33	11	48
与2020年值比较(%)	−50	−46	−25	−46	−6
年输沙量(万吨) 多年平均	2160 (1954—2020)	9160 (1953—2020)	1410 (1959—2020)	3630 (1957—2020)	355 (1959—2020)
近10年平均	915	1750	296	335	118
2020年	1430	3140	297	540	181
2021年	225	576	98.0	125	99.2
与多年平均值比较(%)	−90	−94	−93	−97	−72
与近10年平均值比较(%)	−75	−67	−67	−63	−16
与2020年值比较(%)	−84	−82	−67	−77	−45

渭河干流武山站 2021 年径流量 6.254 亿立方米，较多年平均值偏大 12%，与近 10 年平均值持平，比上年值减小 50%；年输沙量 225 万吨，较多年平均值偏小 90%，较近 10 年平均值偏小 75%，比上年值减小 84%。

渭河干流北道站 2021 年径流量 10.22 亿立方米，较多年平均值偏小 6%，较近 10 年平均值偏大 2%，比上年值减小 46%；年输沙量 576 万吨，较多年平均值偏小 94%，较近 10 年平均值偏小 67%，比上年值减小 82%。

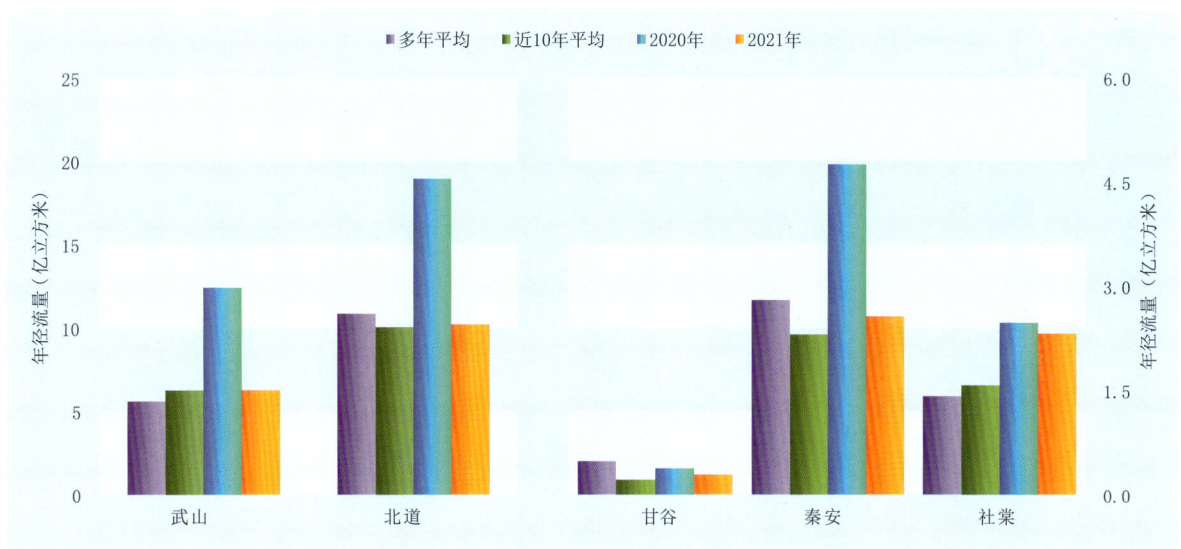

(a) 实测年径流量

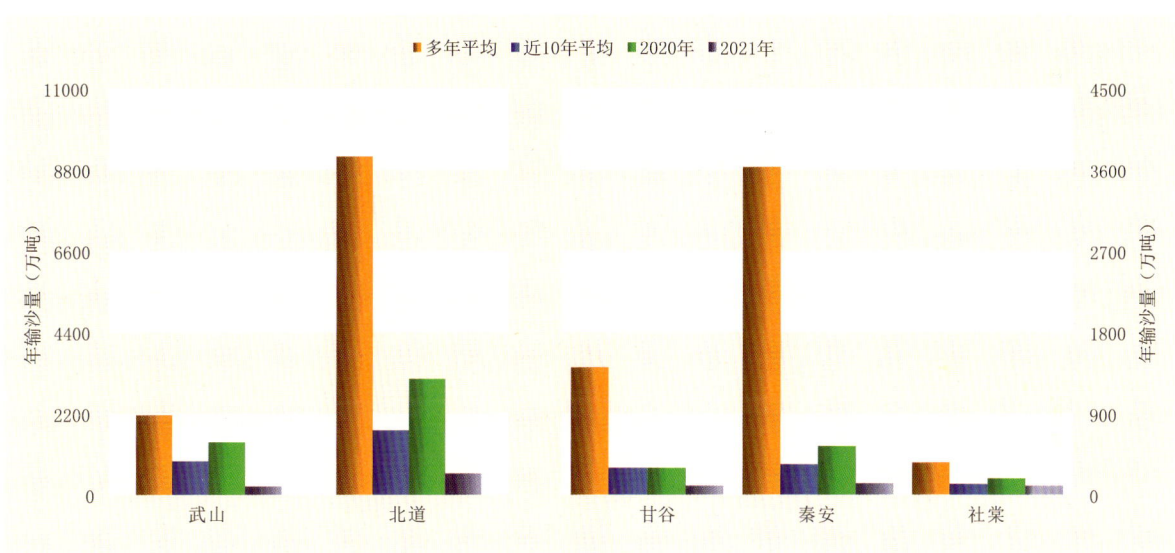

(b) 实测年输沙量

图 2-9 2021 年渭河水系主要水文控制站径流量与输沙量对比

(2) 水沙特征值

渭河水系主要水文控制站2021年平均含沙量、输沙模数较多年平均值均偏小。具体数值见表2-10。

表 2-10 2021年渭河水系主要水文控制站水沙特征值统计表

河流		干流		支流		
				散渡河	葫芦河	牛头河
水文控制站		武山	北道	甘谷	秦安	社棠
年最大流量(立方米/秒)		144	274	17.5	50.5	177
出现时间(月、日)		7月15日	7月15日	7月15日	9月25日	10月3日
年平均含沙量(千克/立方米)	多年平均	38.7 (1954—2020)	84.4 (1953—2020)	294 (1959—2020)	130 (1957—2020)	25.2 (1959—2020)
	2020年	11.5	16.6	78.6	11.4	7.32
	2021年	3.60	5.64	34.4	4.88	4.28
年最大断面平均含沙量(千克/立方米)		127	105	351	152	71.5
出现时间(月、日)		7月26日	7月15日	7月17日	7月15日	10月3日
输沙模数[吨/(年·平方千米)]	多年平均	2670 (1954—2020)	3680 (1953—2020)	5680 (1959—2020)	3700 (1957—2020)	1920 (1959—2020)
	2020年	1770	1260	1200	551	980
	2021年	278	232	395	127	537

(3) 径流量与输沙量的年内分配

经对2021年渭河水系主要水文控制站逐月实测径流量、输沙量统计，渭河干流北道站4~9月径流量占年径流量的53%，输沙量占年输沙量的75%。渭河支流散渡河甘谷站、葫芦河秦安站、牛头河社棠站4~9月径流量分别占年径流量的45%、50%、33%，输沙量分别占年输沙量的86%、76%、23%。主要水文控制站逐月径流量与输沙量分配见图2-10。

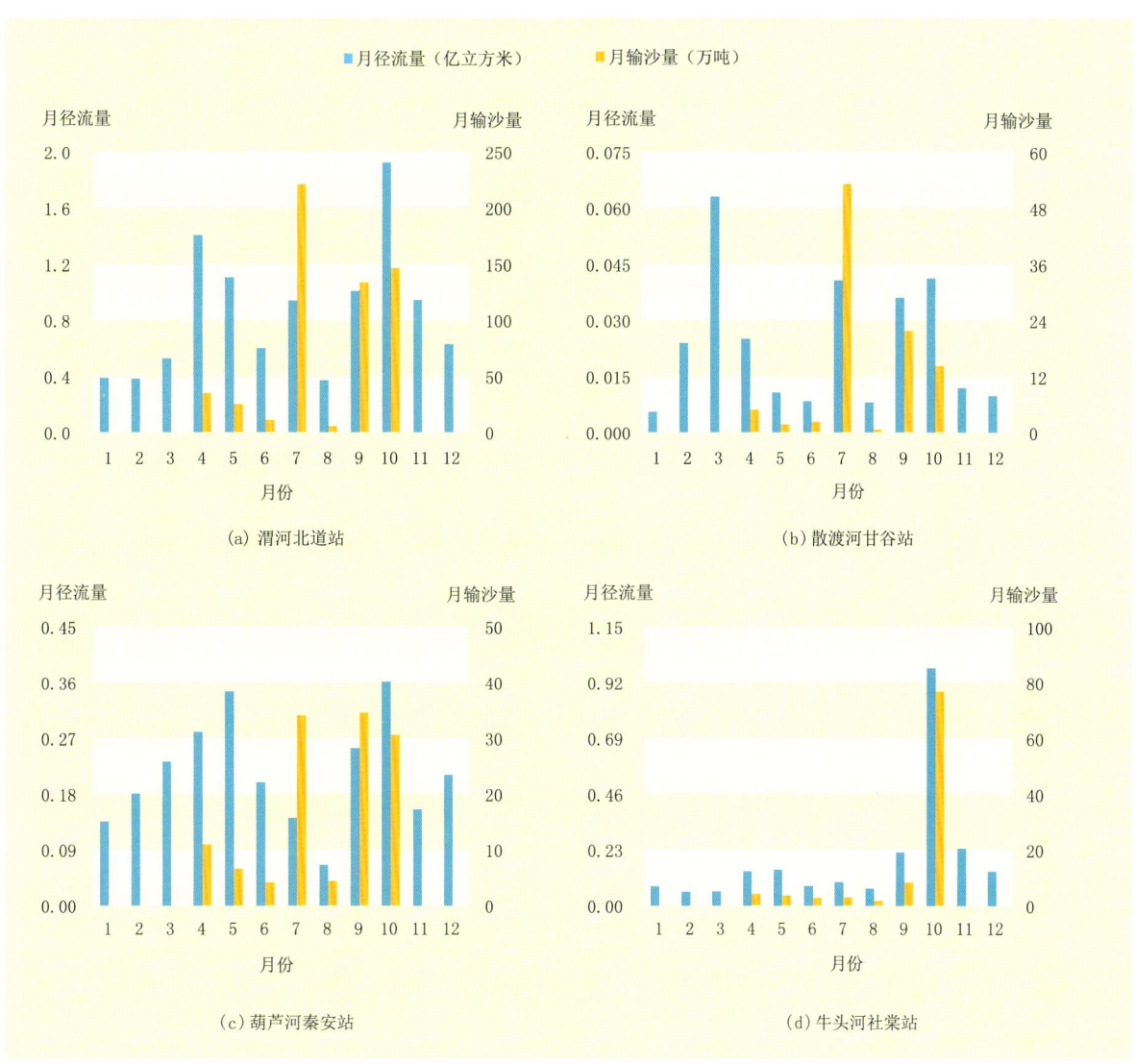

图 2-10 2021 年渭河水系主要水文控制站逐月径流量与输沙量对照

5. 泾河水系

(1) 径流量与输沙量

经对 2021 年泾河水系主要水文控制站实测径流量、输沙量，以及与多年平均值、近 10 年平均值、上年值统计比较，泾河干流杨家坪、支流汭河安口控制断面为丰水少沙年，支流茹河开边控制断面为枯水少沙年。主要水文控制站年径流量与输沙量情况见表 2-11、图 2-11。具体情况如下：

泾河干流杨家坪站 2021 年径流量 7.184 亿立方米，较多年平均值偏大 10%，较近 10 年平均值偏大 28%，比上年值减小 11%；年输沙量 419 万吨，较多年平均值偏小 93%，较近 10 年平均值偏小 10%，比上年值减小 24%。

表 2-11　2021年泾河水系主要水文控制站实测年径流量与输沙量统计表

河　流		干　流	支　流	
			汭　河	茹　河
水文控制站		杨家坪	安　口	开　边
控制流域面积(平方千米)		14124	1129	2232
年径流量 (亿立方米)	多年平均	6.546 (1956—2020)	1.254 (1976—2020)	0.3501 (1978—2020)
	近10年平均	5.602	1.589	0.1992
	2020年	8.046	2.106	0.3838
	2021年	7.184	2.023	0.3117
	与多年平均值比较(%)	10	61	-11
	与近10年平均值比较(%)	28	27	56
	与2020年值比较(%)	-11	-4	-19
年输沙量 (万吨)	多年平均	5 750 (1956—2020)	91.3 (1976—2020)	714 (1978—2020)
	近10年平均	464	64.5	24.5
	2020年	551	22.0	14.9
	2021年	419	9.66	6.82
	与多年平均值比较(%)	-93	-89	-99
	与近10年平均值比较(%)	-10	-85	-72
	与2020年值比较(%)	-24	-56	-54

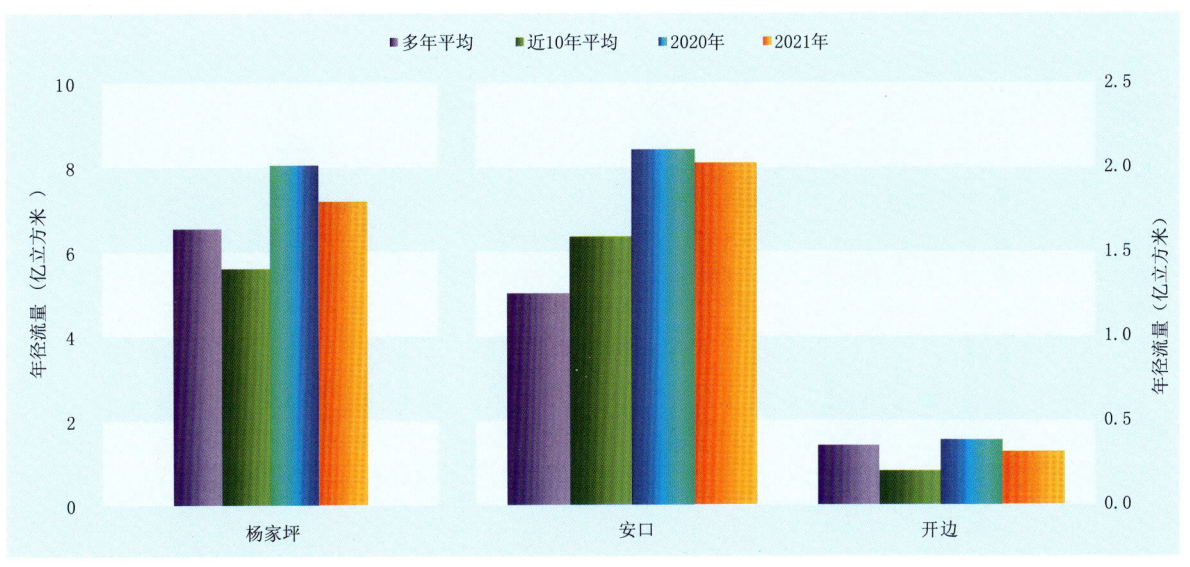

(a) 实测年径流量

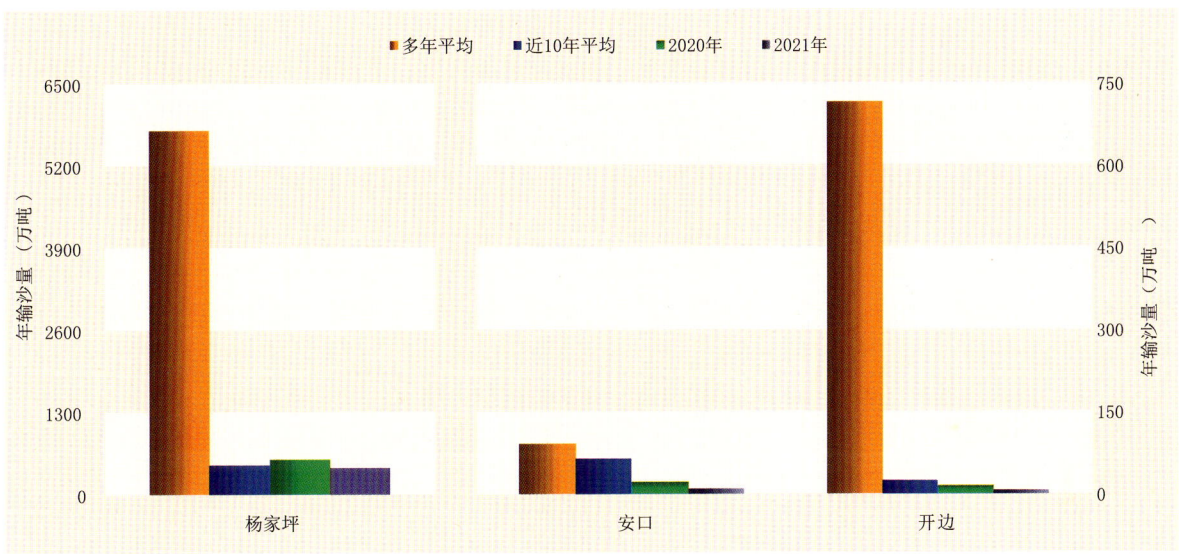

(b) 实测年输沙量

图 2-11　2021 年泾河水系主要水文控制站径流量与输沙量对比

(2) 水沙特征值

泾河水系主要水文控制站2021年平均含沙量、输沙模数较多年平均值均偏小。具体数值见表 2-12。

表2-12　2021年泾河水系主要水文控制站水沙特征值统计表

河流		干流	支流	
			汭河	茹河
水文控制站		杨家坪	安口	开边
年最大流量(立方米/秒)		198	61.5	10.0
出现时间(月、日)		10月6日	10月5日	9月24日
年平均含沙量(千克/立方米)	多年平均	87.8 (1956—2020)	7.28 (1976—2020)	204 (1978—2020)
	2020年	6.85	1.04	3.88
	2021年	5.83	0.478	2.19
年最大断面平均含沙量(千克/立方米)		267	7.01	27.4
出现时间(月、日)		8月19日	8月19日	9月24日
输沙模数[吨/(年·平方千米)]	多年平均	4070 (1956—2020)	809 (1976—2020)	3200 (1978—2020)
	2020年	390	195	66.8
	2021年	297	85.6	30.6

(3)径流量与输沙量的年内分配

经对2021年泾河水系主要水文控制站逐月实测径流量、输沙量统计，泾河干流杨家坪站4～9月径流量占年径流量的45%，输沙量占年输沙量的65%。支流汭河安口、茹河开边站4～9月径流量分别占年径流量的51%、52%，输沙量分别占年输沙量的82%、66%。主要水文控制站逐月径流量与输沙量分配见图2-12。

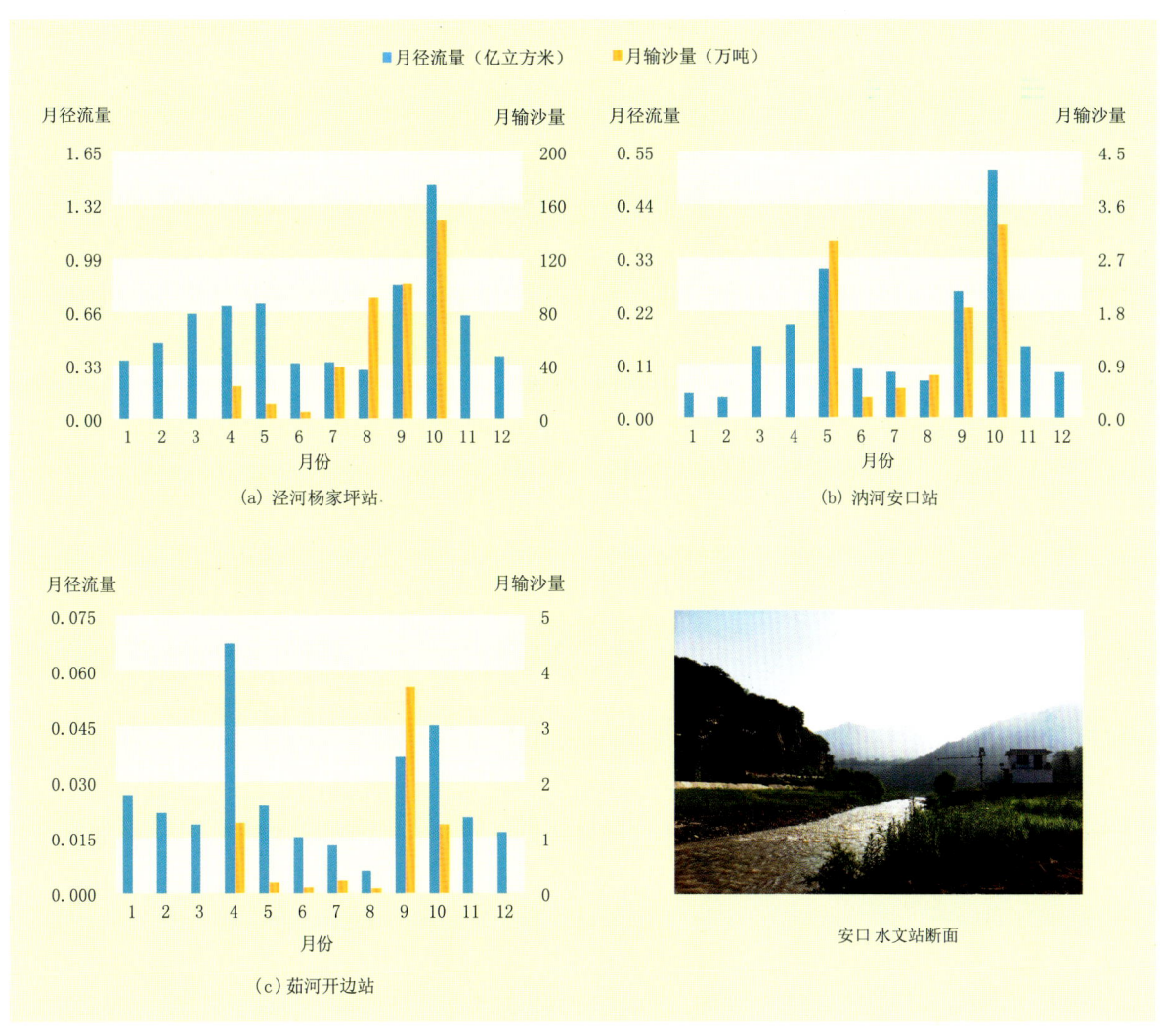

图 2-12　2021年泾河水系主要水文控制站逐月径流量与输沙量对比

(三)长江流域

1. 径流量与输沙量

经对2021年长江流域嘉陵江水系主要水文控制站实测径流量、输沙量，以及与多年平均值、近10年平均值、上年值统计比较，各河流控制断面均为丰水少沙年。主要水文控制站年径流量与输沙量情况见表2-13、图2-13。具体情况如下：

嘉陵江干流谈家庄站2021年径流量16.22亿立方米，较多年平均值偏大41%，较近10年平均值偏大61%，比上年值增大2%；年输沙量180万吨，较多年平均值偏小29%，较近10年平均值偏小7%，比上年值减小27%。

表 2-13　2021年嘉陵江水系主要水文控制站实测年径流量与输沙量统计表

河流		干流	支流			
			长丰河	西汉水		白龙江	岸门口河
水文控制站		谈家庄	成县	礼县	镡家坝	武都	康县
控制流域面积(平方千米)		6694	1502	3184	9538	14288	217
年径流量(亿立方米)	多年平均	11.50 (1977—2020)	2.571 (1964—2020)	2.608 (1963—2020)	12.27 (1965—2020)	40.18 (1964—2020)	0.6240 (1986—2020)
	近10年平均	10.07	2.502	2.534	12.49	45.25	0.8197
	2020年	15.93	5.513	6.179	27.85	70.58	1.576
	2021年	16.22	2.712	3.539	14.20	41.50	0.7354
	与多年平均值比较(%)	41	5	36	16	3	18
	与近10年平均值比较(%)	61	8	40	14	−8	−10
	与2020年值比较(%)	2	−51	−43	−49	−41	−53
年输沙量(万吨)	多年平均	254 (1977—2020)	94.7 (1964—2020)	596 (1963—2020)	1440 (1965—2020)	1230 (1964—2020)	15.8 (1986—2020)
	近10年平均	194	42.9	84.1	765	966	8.99
	2020年	245	57.3	235	2400	2760	15.1
	2021年	180	8.24	96.7	324	340	2.02
	与多年平均值比较(%)	−29	−91	−84	−78	−72	−87
	与近10年平均值比较(%)	−7	−81	15	−58	−65	−78
	与2020年值比较(%)	−27	−86	−59	−87	−88	−87

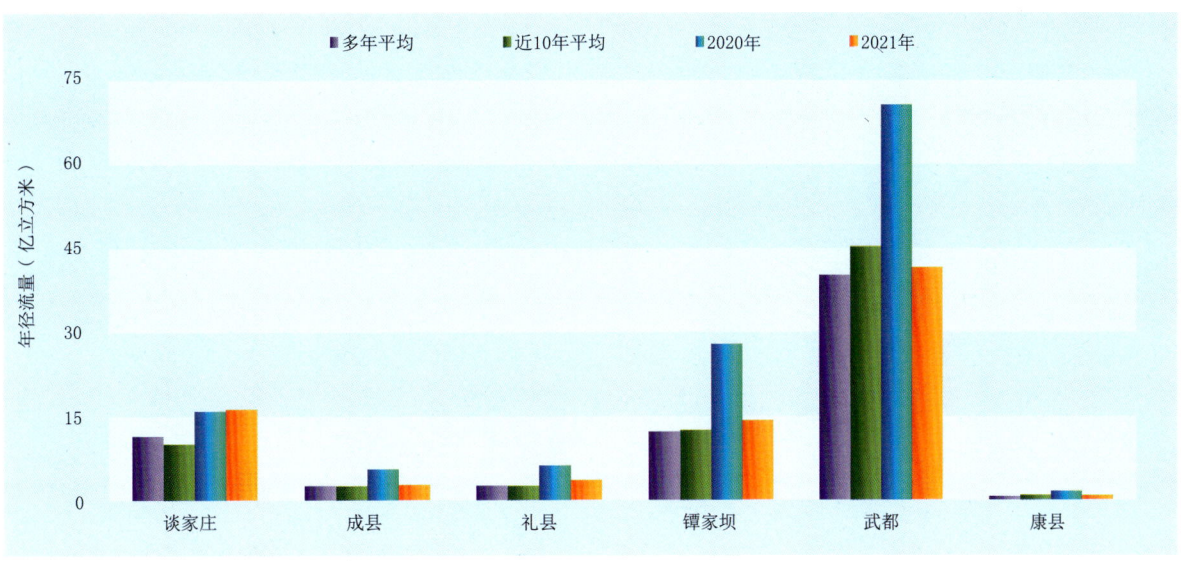

(a) 实测年径流量

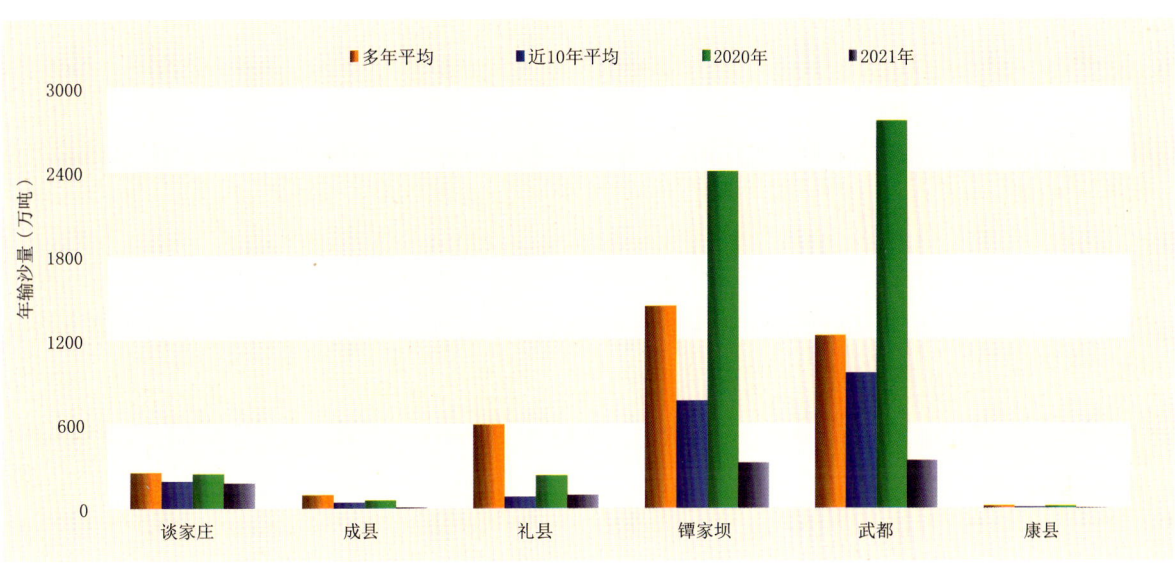

(b) 实测年输沙量

图 2-13 2021年嘉陵江水系主要水文控制站径流量与输沙量对比

2. 水沙特征值

嘉陵江水系主要水文控制站2021年平均含沙量、输沙模数较多年平均值均偏小。具体数值见表2-14。

表2-14　2021年嘉陵江水系主要水文控制站水沙特征值统计表

河流		干流	支流				
			长丰河	西汉水		白龙江	岸门口河
控制水文站		谈家庄	成县	礼县	镡家坝	武都	康县
年最大流量(立方米/秒)		1530	167	216	598	413	85.6
出现时间(月、日)		10月6日	10月4日	7月15日	7月15日	10月11日	10月4日
年平均含沙量(千克/立方米)	多年平均	2.21 (1977—2020)	3.68 (1964—2020)	22.9 (1963—2020)	11.7 (1965—2020)	3.06 (1964—2020)	2.53 (1986—2020)
	2020年	1.54	1.04	3.80	8.62	3.91	0.958
	2021年	1.11	0.304	2.73	2.28	0.819	0.275
年最大断面平均含沙量(千克/立方米)		4.00	5.16	26.9	71.8	31.4	3.04
出现时间(月、日)		10月6日	10月4日	7月15日	7月15日	7月15日	9月3日
输沙模数[吨/(年·平方千米)]	多年平均	379 (1977—2020)	630 (1964—2020)	1870 (1963—2020)	1510 (1965—2020)	861 (1964—2020)	728 (1986—2020)
	2020年	366	381	738	2520	1930	696
	2021年	269	54.9	304	340	238	93.1

3. 径流量与输沙量的年内分配

经对2021年嘉陵江水系主要水文控制站逐月实测径流量、输沙量统计,嘉陵江干流谈家庄站4~9月径流量占年径流量的47%,输沙量占年输沙量的38%。嘉陵江支流长丰河成县站、西汉水镡家坝站、白龙江武都站4~9月径流量分别占年径流量的44%、50%、55%,输沙量分别占年输沙量的18%、70%、60%。主要水文控制站逐月径流量与输沙量分配见图2-14。

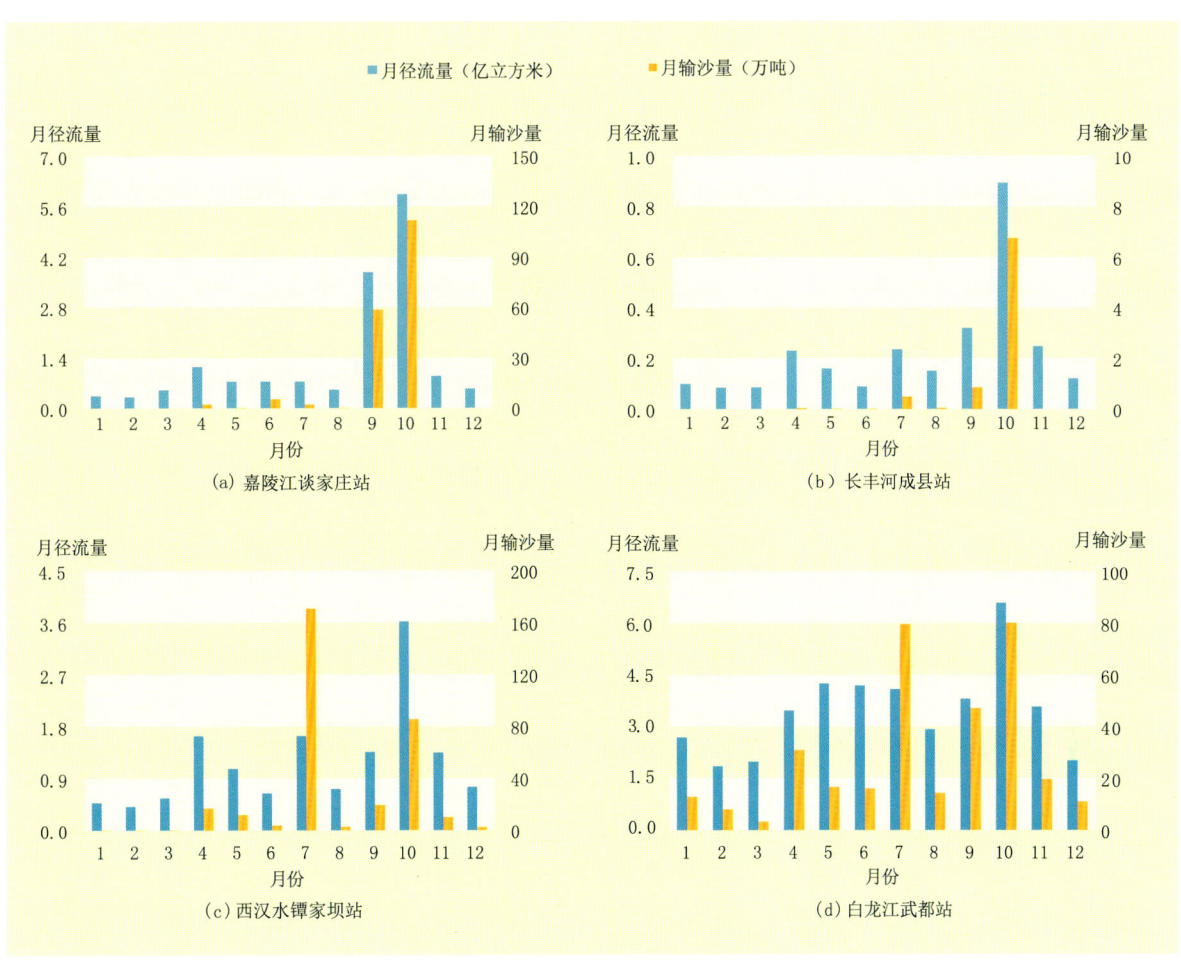

图 2-14　2021 年嘉陵江水系主要水文控制站逐月径流量与输沙量对照

三、代表站控制断面冲淤变化

公报选用三大流域 20 个控制水文站进行了测验断面冲淤变化分析，其中内陆河流域 4 个，黄河流域 13 个（含黄河水利委员会水文局 9 个），长江流域 3 个。

（一）内陆河流域

图 3-1 为昌马河昌马堡站、党河党城湾站、黑河莺落峡站和西营河九条岭站测验断面套绘图。据图分析，昌马堡站断面与上年度相比，主槽淤积。党城湾站断面与上年度相比，冲淤变化不大。莺落峡站断面与上年度及历史年份相比，主槽冲刷。九条岭站断面与上年度及历史年份相比，冲淤变化不大。

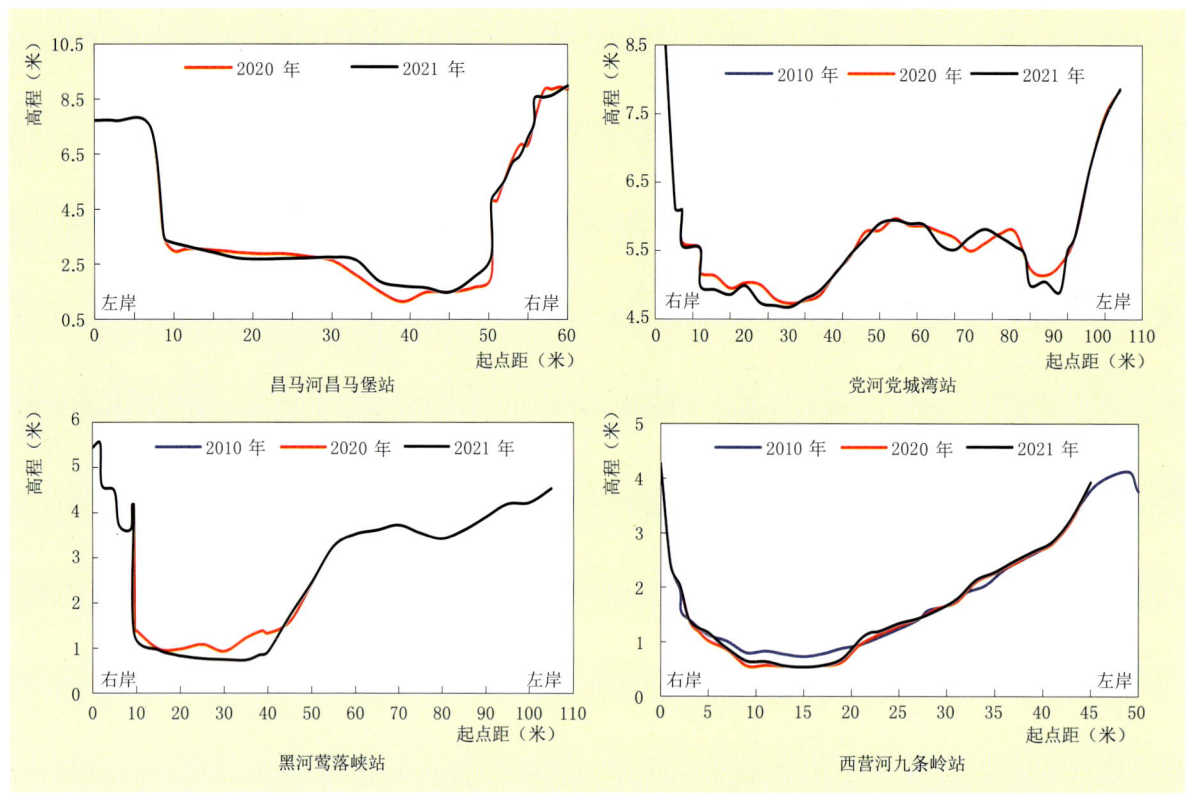

图 3-1 内陆河流域主要水文控制站断面冲淤变化

(二)黄河流域

1. 黄河干流

(1)黄河干流控制站

图 3-2 为黄河干流兰州站、安宁渡站测验断面套绘图。据图分析，兰州站断面与上年度基本重合；与历史年份相比，主槽冲刷严重。安宁渡站与上年度相比，左冲刷右淤积；与历史年份相比，左淤积右冲刷。

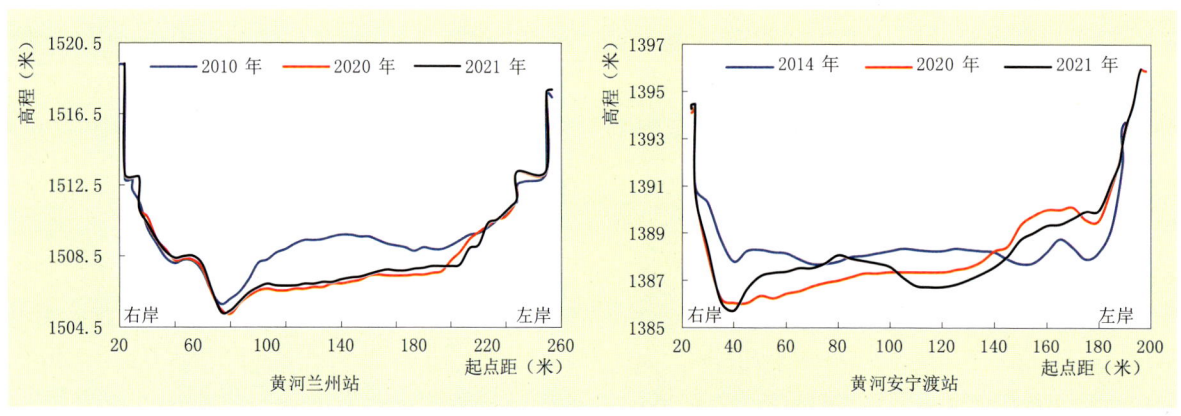

图 3-2 黄河干流主要水文控制站断面冲淤变化

（2）黄河支流控制站

图 3-3 为汇入黄河干流一级支流重要水文控制站测验断面套绘图，包括大夏河折桥站、洮河红旗站、湟水民和站、大通河享堂站、庄浪河红崖子站、祖厉河靖远站。

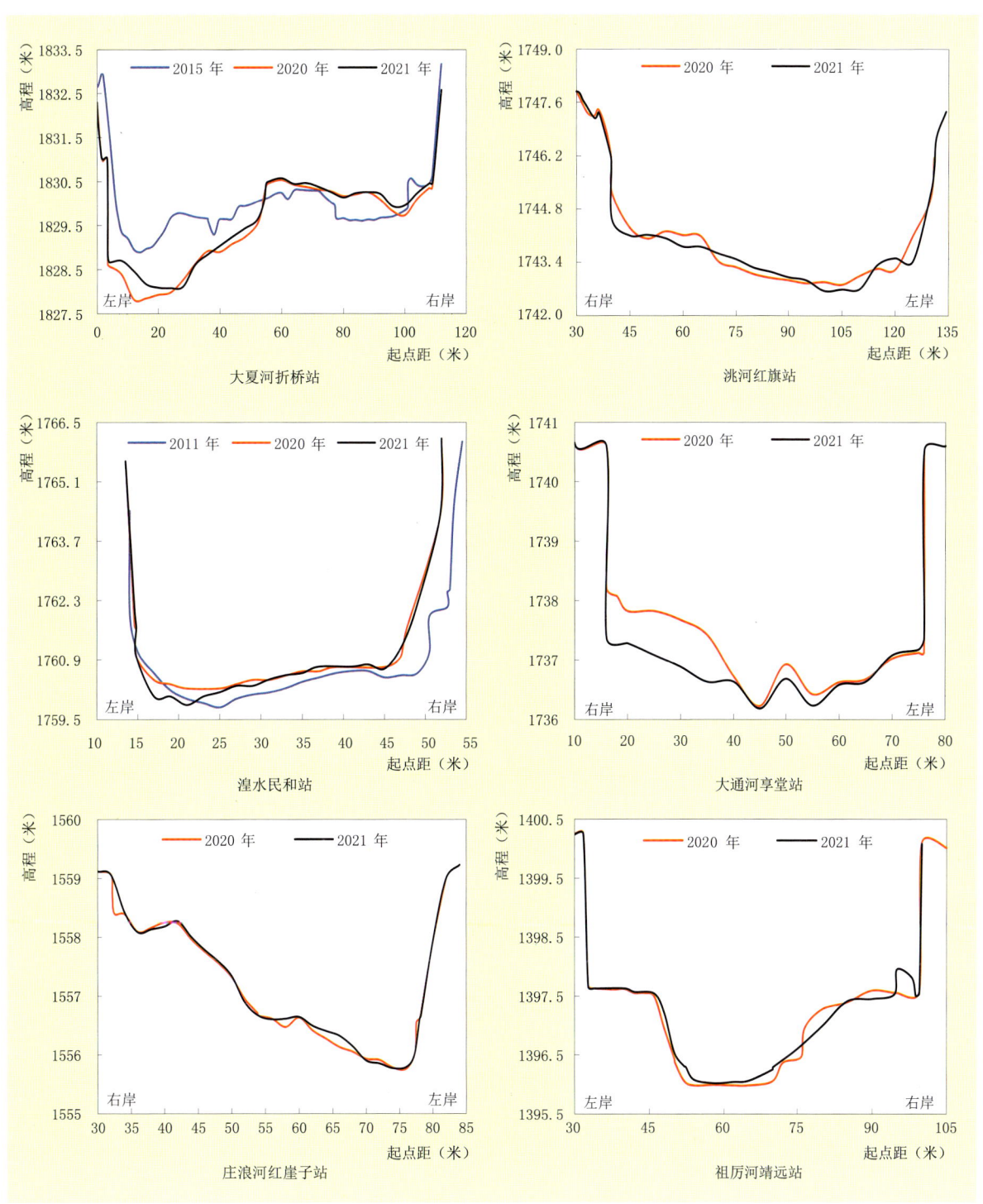

图 3-3 黄河支流主要水文控制站断面冲淤变化

据图分析，大夏河折桥站断面与上年度比较，冲淤变化不大；与历史年份相比，主槽冲刷严重。洮河红旗站断面与上年度相比，冲淤变化不大。湟水民和站断面与上年度相比，主槽冲刷；与历史年份相比，淤积明显。大通河享堂站断面与上年度相比，右岸冲刷严重。庄浪河红崖子站断面与上年度基本重合。祖厉河靖远站断面与上年度基本重合。

2. 渭河

(1) 渭河干流控制站

图 3-4 为渭河干流武山、北道站测验断面套绘图。据图分析，武山站断面与上年度及历史年份相比，冲淤变化较大。北道站与上年度及历史年份相比，主槽右岸冲刷严重。

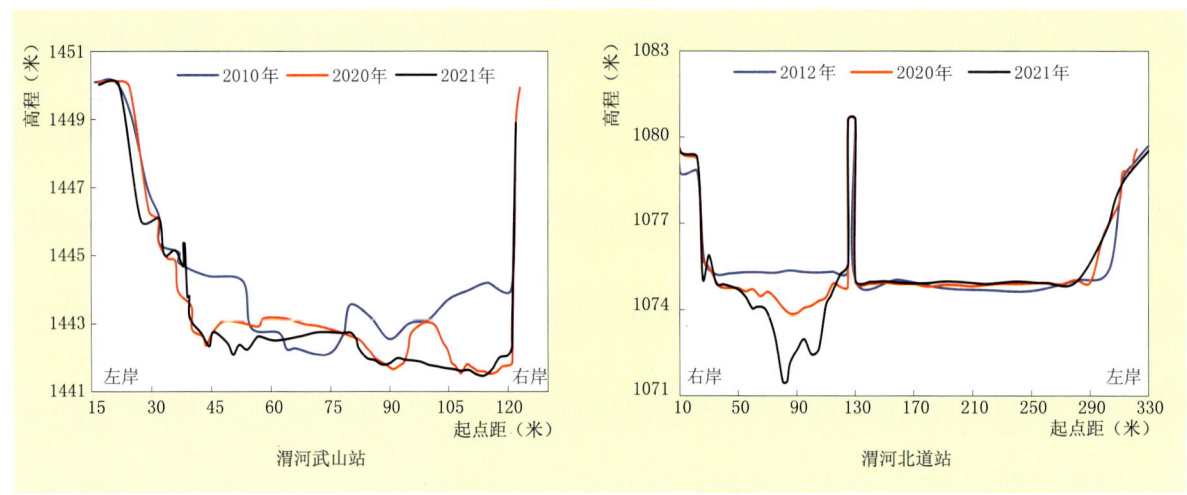

图 3-4 渭河干流主要水文控制站断面冲淤变化

(2) 渭河支流控制站

图 3-5 为渭河支流散渡河甘谷站、葫芦河秦安站测验断面套绘图。据图分析，甘谷站断面与上年度及历史年份相比，主槽淤积明显。秦安站与上年度基本重合。

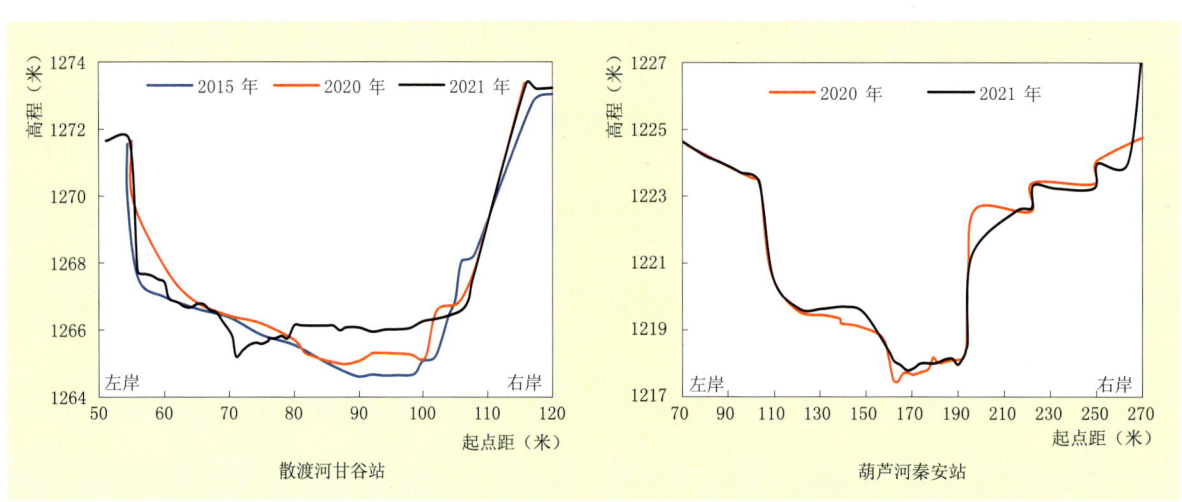

图 3-5 渭河支流主要水文控制站断面冲淤变化

3. 泾河

图 3-6 为泾河干流杨家坪站测验断面套绘图。据图分析，杨家坪站断面与上年度及历史年份相比，冲淤变化不大。

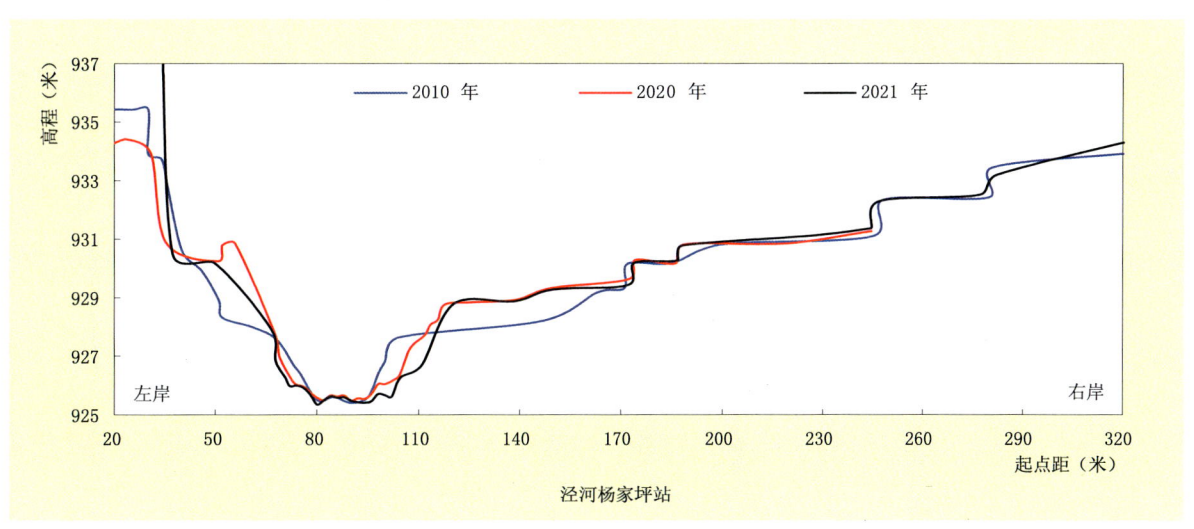

图 3-6　泾河杨家坪站断面冲淤变化

(三) 长江流域

1. 嘉陵江干流控制站

图 3-7 为嘉陵江干流谈家庄站测验断面套绘图。据图分析，谈家庄站断面与上年度及历史年份相比，冲淤变化不大，断面右岸因河道施工，断面变化异常。

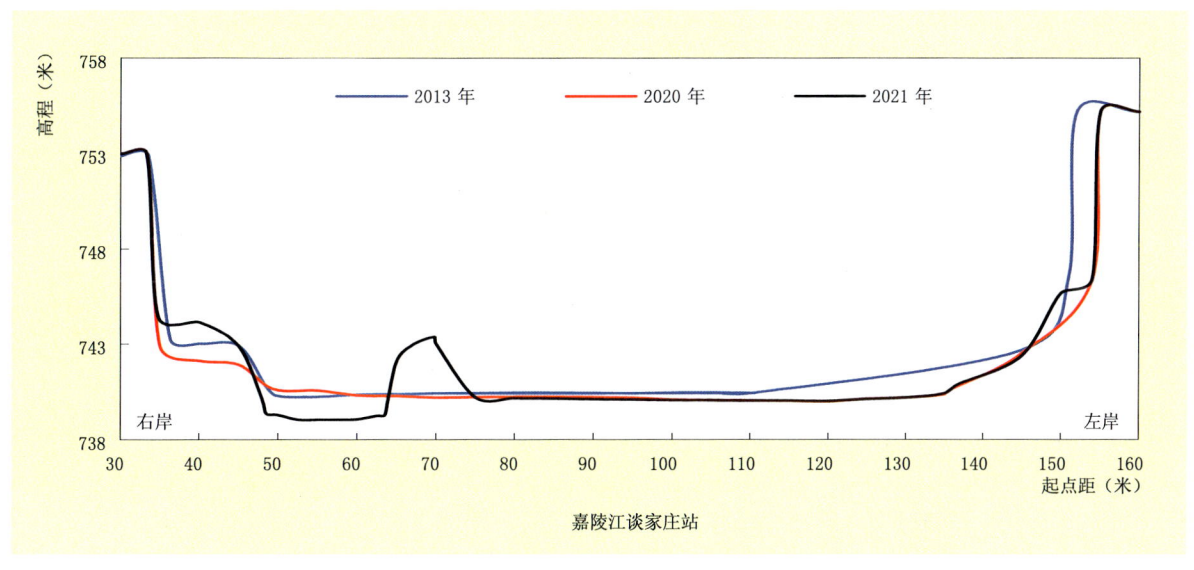

图 3-7　嘉陵江谈家庄站断面冲淤变化

2. 支流控制站

图 3-8 为嘉陵江支流西汉水镡家坝站、白龙江武都站测验断面套绘图。据图分析，镡家坝站断

面与上年度基本重合；与历史年份相比，冲刷严重。武都站断面与上年度及历史年份相比，冲淤变化较大。

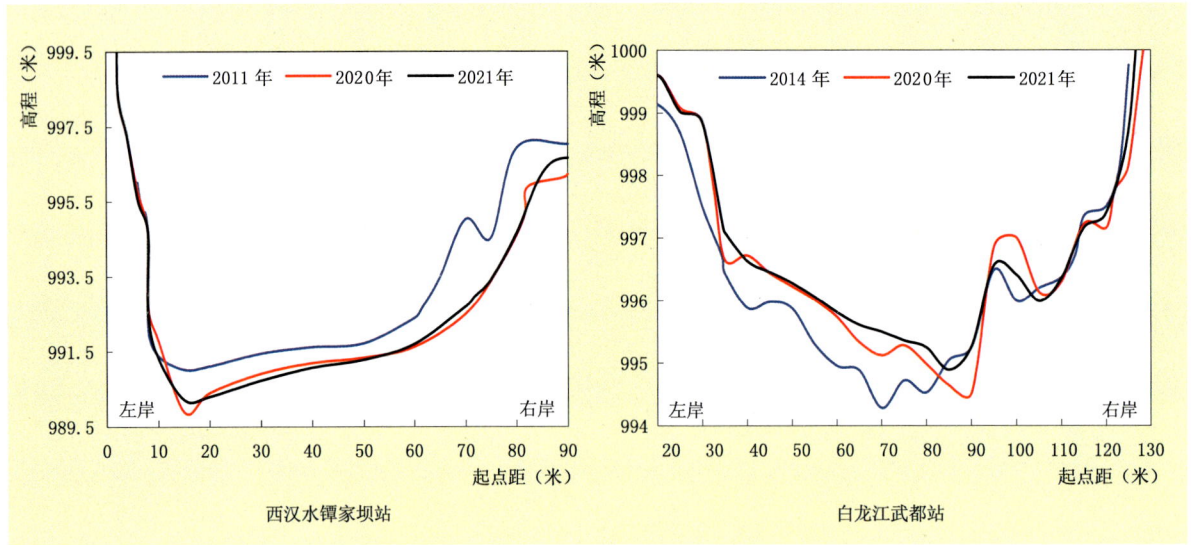

图 3-8　嘉陵江支流主要水文控制站断面冲淤变化